环境规制下的绿色建造
——基于项目管理与省级分析的双重视角

王 绮 著

U0315605

北 京

冶 金 工 业 出 版 社

2024

内 容 提 要

本书以制度理论作为整体理论框架，整合了五种环境规制的类型，从项目管理的微观层面和省级分析的宏观层面分别探究了环境规制对绿色建造的影响。全书共分为6章，主要内容包括环境规制对绿色工程项目管理的影响、环境规制对建筑行业省级绿色全要素生产率的影响、环境规制对建筑行业省级碳排放强度的影响等。

本书可供工程管理、制度管理、能源与环境、可持续发展策略等领域的科研人员、工程技术人员和项目管理人员阅读，也可供高等院校管理科学与工程、建筑环境与能源应用工程、土木工程、工程管理、工程造价及相关专业的师生参考。

图书在版编目（CIP）数据

环境规制下的绿色建造：基于项目管理与省级分析的双重视角／王绮著. -- 北京：冶金工业出版社，2024.9. -- ISBN 978-7-5024-9966-2

Ⅰ. TU201.5

中国国家版本馆 CIP 数据核字第 2024T0F474 号

环境规制下的绿色建造——基于项目管理与省级分析的双重视角

出版发行	冶金工业出版社	电　　话	（010）64027926
地　　址	北京市东城区嵩祝院北巷 39 号	邮　　编	100009
网　　址	www.mip1953.com	电子信箱	service@ mip1953.com

责任编辑　马媛馨　美术编辑　吕欣童　版式设计　郑小利
责任校对　葛新霞　责任印制　窦　唯

北京建宏印刷有限公司印刷

2024 年 9 月第 1 版，2024 年 9 月第 1 次印刷

710mm×1000mm　1/16；8 印张；156 千字；118 页

定价 68.00 元

投稿电话　（010）64027932　投稿信箱　tougao@cnmip.com.cn
营销中心电话　（010）64044283
冶金工业出版社天猫旗舰店　yjgycbs.tmall.com
（本书如有印装质量问题，本社营销中心负责退换）

前　　言

　　建筑行业作为中国的支柱产业，是推动国家经济提升的重点产业之一。近年来，随着城镇化进程的持续加快，中国的建筑行业急速扩张。为了进一步提高城镇化水平且满足人民不断提高的基础设施需求，建筑行业不可避免地在未来仍将长期平稳发展。由于该行业对社区环境、土地利用、水资源以及公众健康可能产生不利影响，通常被描述为是环境不友好的。

　　在污染方面，建筑物的土木工程施工、设备安装、装饰装修等建造过程因消耗能源、材料，产生大量的废气、废水、固体废弃物以及噪声污染，给周边的生态环境和居民的生活环境带来了干扰。建造活动由于频繁和大量使用重型设备，不仅破坏了自然环境，而且严重影响建筑工地附近居民的生活幸福感。由施工造成的扬尘甚至还被认为是雾霾天气的主要"元凶"之一，长达数年的施工周期使这些问题长期存在。此外，2016—2021 年，中国每年建筑垃圾的排放总量为 15.5 亿~24 亿吨，占城市垃圾的比例约为 40%。

　　在能源消耗方面，2019 年全球建筑业能源消费达到了能源消费总量的 36%。同年，中国建筑业能耗达到 10.6 亿吨标准煤，包括由建筑建造所导致的原材料开采、建材生产、运输以及现场施工等能耗，占全社会总能耗的 21.81%。其中，建造阶段能源消费 9462 万吨标准煤，给中国的能源消费带来了不小的压力。

　　在碳排放方面，2019 年全球建筑业碳排放占比达到 39%，中国的建筑行业碳排放量占比已达到全国总量的 27.9%~34.3%，这使建筑行业成为了一个公认的碳密集行业。

　　综上所述，从污染、能源及碳排放的各方面均反映出目前中国建筑行业的发展远远没有达到足够的可持续性水平，建筑行业也因此被贴上了高污染、高能耗、高排放的"三高"标签，因此促进建筑行业的绿色发展是现阶段中国面临的重要任务之一。

本书以中国这一正处在快速城镇化进程时期的发展中国家为背景，以促进建筑行业的绿色建造为目的，基于制度理论，对环境规制与绿色工程项目管理、建筑行业绿色全要素生产率及碳排放强度的关系进行了实证研究。研究采用了文献研究法、问卷调研法、访谈调研法、扎根理论法、SBM-DEA 模型、回归分析、PSM-DID 等多种研究方法。以探索如何借助环境规制促进建筑行业的绿色建造为目的，聚焦于微观和宏观两个视角，从项目管理、省级分析这两个视角进行探讨。研究结果可为环境规制和绿色建造领域提供一些新知识。

本书通过扎根理论和回归分析，构建了项目经理感知环境规制与绿色工程项目管理行为间关系的模型，发现情感变革承诺的中介作用及成本、工期和质量约束的负向调节作用。同时，研究了环境规制对建筑行业绿色全要素生产率的影响，指出传统和需求端环境规制均有正向作用，但区域政策冲突和行业国有化程度对此有复杂影响。此外，通过案例分析发现模糊型环境规制通过水平和垂直支持路径实现了建筑行业减碳，并验证了其有效性。

本书基于研究结果提出的管理启示包括：政策制定者需完善传统环境规制，包括实时监测、环保税制度及鼓励环保组织；扩大需求端环境规制普适性，平衡资源倾向，推广绿色标准；因地制宜推进模糊型环境规制，强调目标责任制，建立考核体系，进一步开展试点工作；建筑企业应多管齐下，通过绩效考核和知识培训激励项目经理进行绿色工程项目管理。本书将为项目管理者、企业管理者、政策制定者共同努力进一步促进绿色建造提供借鉴。

作者单位——西华大学为本书的编写提供了宝贵的平台，在此表示诚挚的感谢。

西南交通大学史本山教授、陆绍凯教授，西华大学李海凌教授，西南政法大学刘俊岐老师为本书的编写提供了大量的帮助，在此一并表示衷心的感谢。

本书在编写过程中，参考了有关文献资料，在此向文献资料的作者表示感谢。

由于作者水平所限，书中不妥之处，敬请广大读者批评指正。

作　者

2024 年 5 月

目　　录

1 绪　　论

1.1　背　　景

1.1.1　建筑行业与可持续发展

近年来，中国经济的飞速发展伴随而来的是愈演愈烈的环境问题。中国向全世界做出实现"碳达峰、碳中和"的承诺，这明确了中国的绿色发展目标，也表达了中国作为一个负责任的大国的决心。然而，作为中国经济支柱行业之一的建筑行业，却因建造阶段高能耗、高污染、高排放的问题成为了中国全面走向绿色发展道路的阻碍。党的十九大报告中指出，推进绿色发展。加快建立绿色生产和消费的法律制度和政策导向，建立健全绿色低碳循环发展的经济体系。也就是说，政府主导的环境规制是现阶段解决绿色发展问题的重要手段。因此，探索如何利用环境规制更好地促进建筑行业的绿色建造具有重要的现实意义。

1.1.2　环境规制与绿色建造

根据对环境的影响，建筑物的全寿命周期可以划分为建造阶段、运营阶段和回收阶段。其中本书所关注的建造阶段是指工程建设实施阶段的生产活动的全过程，即把设计图纸上的各种线条，在指定的地点，变成实物的过程。它包括基础工程施工、主体结构施工、屋面工程施工、设备安装施工、装饰工程施工等施工工序，是房屋建筑、土木工程建筑、建筑安装、建筑装修等各种建筑类型的施工过程的总称。施工作业的场所称为"建筑施工现场"或称为"施工现场"，也称为工地。根据住建部最新出台的绿色建造技术规范，绿色建造（Green Construction）定义为在建筑物的建造阶段采用有利于节约资源、保护环境、减少排放、提高效率、保障品质的建造方式，实现人与自然和谐共生的工程建造活动。近年来，由城镇化带来的居住建筑、公共建筑、工业建筑等工程项目如雨后春笋般拔地而起，城镇化进程为中国建筑行业的快速扩张提供了内在驱动力。然而，现阶段中国的绿色建造水平仍比较低，这导致城镇化给环境、能源和碳排放带来了巨大压力，未来中国长期面临着平衡城镇化进程与资源保护和环境保护的问题。

根据制度理论（Institutional Theory），由政府主导的环境规制（Environmental Regulation）有潜力提升中国的绿色建造程度。环境规制指为了减轻组织和个人对自然环境的影响，并为其环境创新创造条件的一系列环境政策①。在现阶段的发展中国家，环境规制被认为是解决环境问题、促进绿色发展最有效的手段。在中国，政府被认为在提高全社会对绿色技术吸收的认识和意识方面发挥着重要作用。在建筑行业，以往研究认为政府的约束和业主（也称作建设单位或甲方）的需求对建筑行业向绿色发展发挥了关键作用。然而现阶段发展中国家大部分业主的首要追求仍是经济效益，缺乏对环境的关心。中国也存在类似的问题，业主们对于建设项目在环保方面的要求和需求较为匮乏，且主要集中于建筑物交付后，如修建节能建筑物或在建筑物使用中要求节能环保等，忽略了对于建造过程的绿色要求。因此，现阶段促进绿色建造实施仍主要依赖政府的影响力，也就是环境规制的约束。综上所述，本书重点关注环境规制对建筑行业绿色建造的影响及其中的影响机制。

1.2 宏微观视角

本书所称的建造阶段为建筑物从开工到竣工的过程，因此本书中提到的绿色工程项目管理指的是建造阶段的项目管理，建筑行业绿色全要素生产率及碳排放强度均局限在建筑物的建造过程。本书从项目管理和省级分析两个视角探索环境规制对绿色建造的影响。根据制度理论，一方面，在微观层面，环境规制可以通过知识传播和价值观传递等途径影响管理者的决策。在项目管理的微观视角，建造阶段最重要的管理者是项目经理，因此环境规制有潜力影响项目经理的绿色工程项目管理思想与行为。另一方面，在宏观层面，环境规制还会通过制度压力和政策激励等途径影响某个区域范围内绿色建造的整体表现。以往研究表明，环境规制能够影响省级层面的工业绿色全要素生产率、区域碳排放强度等。同理，在建筑行业，环境规制也有潜力影响省级层面的绿色建造表现。

首先，在项目管理的微观视角，绿色工程项目管理②被认为是绿色建造的必然要求。建筑企业的环境意识不强是造成建筑行业环境污染的关键因素。以往研究认为，项目在实现企业和社会的可持续性方面起着至关重要的作用，且项目管

---

① 环境规制的分类及每一类的具体概念详见本书第2.3.1节。
② 绿色工程项目管理的概念详见本书第2.2.2节。

理方案和项目经理有潜力对绿色管理作贡献。因此，在以建筑企业作为责任主体的建造阶段实施绿色工程项目管理行为是促进绿色建造的有效方法。项目经理作为建筑企业项目管理中的核心角色，他们有责任且有能力在促进项目的节能环保方面发挥作用。因此，本书从项目经理绿色工程项目管理行为出发探讨环境规制对绿色建造的影响。

其次，在省级分析的宏观视角，提高绿色全要素生产率[①]是重要绿色发展目标。习近平总书记在党的十九大报告中提到，推动经济发展质量变革、效率变革、动力变革，提高全要素生产率。这表明提高全要素生产率的目标已被中央政府提上日程。在以往研究中常用绿色全要素生产率衡量区域或行业的绿色发展水平。在建筑行业，绿色全要素生产率的水平也是绿色施工技术水平和绿色建造水平的量化体现。因此，本书从建筑行业绿色全要素生产率出发探讨环境规制对绿色建造的影响。

最后，同样在省级分析的宏观视角，降低碳排放强度[②]是另一个绿色发展目标。为了应对远期的碳达峰与碳中和的挑战，中国面临着降低二氧化碳排放强度的问题。2009 年，中国在哥本哈根世界气候大会上承诺，到 2020 年将碳排放强度（单位国内产总值的二氧化排放量）较 2005 年降低 40%～45%。虽然这一目标已经在 2019 年提前实现，但远期的碳达峰与碳中和目标仍是中央和地方政府面临的紧迫挑战。这些都意味着未来长期范围内大部分区域和行业仍将以降低碳排放强度作为实现绿色发展的重要任务，尤其是建筑行业这一传统的碳密集行业。因此，除了绿色全要素生产率之外，本书还从碳排放强度出发探讨环境规制对绿色建造的影响。

1.3 提 出 问 题

研究背景已经反映出，目前建筑行业的"三高"（高能耗、高污染、高排放）问题成为中国全面走向绿色低碳的可持续发展道路的阻碍，而政府主导的环境规制则是解决这一问题的重要手段。本书基于制度理论的合法性和趋同性理论，探究环境规制这一绿色制度对绿色建造在微观及宏观这两个层面以及项目管理和省级分析这两个视角的影响，为更加全面、长期促进建筑行业的绿色发展提供理论参考。本书共提出三个核心研究问题，示意图如图 1-1 所示。

---

① 绿色全要素生产率的概念详见本书第 2.2.3 节。
② 碳排放强度的概念详见本书第 2.2.4 节。

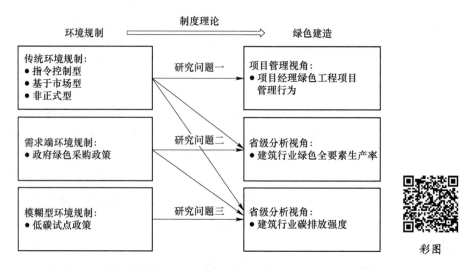

图 1-1   研究问题示意图

研究问题一：项目经理的感知传统环境规制与他们的绿色工程项目管理行为有怎样的关系？项目经理的情感变革承诺在上述关系中是否有中介效应？三重传统工程项目管理目标的约束（成本、工期和质量）是否在上述关系中有调节效应？

绿色工程项目管理被认为是绿色建造的必然要求，项目经理是其中的关键角色。首先，根据制度理论，个人对环境规制的感知很大程度上会影响他们的绿色思维和行为。项目经理作为建设项目的最高管理者，他们的绿色工程项目管理行为是否同样受到环境规制的影响，以及其中的影响机制仍未可知。其次，关于影响机制的问题，如果把绿色工程项目管理视为一项组织变革，那么基于组织变革理论，在组织变革领域通常具有中介效应的情感变革承诺能否仍然具备中介效应仍待探索。最后，受目前主流的项目管理标准的影响，项目经理做决策时几乎都会基于成本、工期和质量的"三重约束"标准，那么这些因素是否影响到环境规制与绿色工程项目管理的关系仍待明确。为了弥补以上研究缺憾，本书提出研究问题一。

研究问题二：传统及需求端环境规制与建筑行业的绿色全要素生产率有怎样的关系？区域政策冲突和行业国有化程度是否在上述关系中有调节效应？

提高建筑行业的绿色全要素生产率是绿色建造的重要目标。环境规制作为政府主导的政策工具，其对于工业、制造业等领域的绿色全要素生产率的影响已经得到了较多的研究，然而其对建筑行业的影响相关研究还比较少。此外，一些重要的制度因素和行业因素是否会对环境规制的效果有增强或削弱作用仍有待探究。一方面，从制度特征的角度来看，中国层出不穷的可持续发展政策由于设立的目标不同，在执行过程中往往会产生政策冲突①，探索区域内政策冲突对环境规制有效性的影响对于政策完善和政策创新有重要参考意义。另一方面，从行业特征来看，国有企业是中国建筑行业独特的经济力量，行业国有化程度②如何影响环境规制的有效性也同样值得探究。综上，为了弥补以上研究缺憾，本书提出研究问题二。

研究问题三：模糊型环境规制对建筑行业减碳的执行机制是什么？在考虑了其他环境规制影响的基础上，模糊型环境规制是否能有效降低建筑行业的碳排放强度？

降低建筑行业的碳排放强度是绿色建造的另一个重要目标。二氧化碳大量排放带来严重的温室效应及生态破坏。因此，包括中国在内的许多国家都将低碳发展视为绿色发展的核心目标之一。为了能够为未来低碳发展的道路积累可供推广的实践经验，厘清模糊型环境规制对建筑行业减碳的执行机制有重要的现实意义。此外，以往研究对于模糊型环境规制对具体区域及工业领域减碳的有效性进行了探讨，然而由于各行业在政策支持力度、技术水平、能源消费模式和许多其他因素方面存在显著差异，其他行业的研究结果未必适用于建筑行业。因此，模糊型环境规制对建筑行业降低碳排放强度的有效性仍有待探索。为了弥补以上研究缺憾，本书提出研究问题三。

1.4 内容和意义

1.4.1 核心内容

本书共三部分核心内容，分别如下。

第一，环境规制对项目经理绿色工程项目管理行为的影响。

以探究传统环境规制对项目经理绿色工程项目管理行为的影响及影响机制为目的，基于组织变革理论提出假设并建立理论模型。通过对 8 名正在从事建设项目管理工作的项目经理进行深度访谈后进行扎根研究并构建理论模型，模型中考虑了项目经理情感变革承诺的中介效应和成本、工期、质量这三重约束的调节效应。以项目经理的绿色工程项目管理行为作为因变量，并且以项目经理对传统环

---

① 区域政策冲突的概念详见本书第4.1.2节。
② 行业国有化程度的概念详见本书第4.1.3节。

境规制的感知作为核心自变量，通过对 129 名项目经理进行问卷调查来获取数据，使用回归分析方法进行理论模型检验。

第二，环境规制对建筑行业绿色全要素生产率的影响。

以探究传统及需求端环境规制对建筑行业绿色全要素生产率的影响为目的，基于波特假说及资源基础理论提出假设并建立理论模型。理论模型中考虑了区域政策冲突和行业国有化程度的调节效应。本部分研究使用建筑行业的绿色全要素生产率作为因变量，并且以传统环境规制及需求端环境规制为核心自变量。从各类统计年鉴以及统计局网站获取 2008—2017 年的省级面板数据作为本研究所需的数据，使用基于松弛变量的数据包络分析（SBM-DEA）模型计算绿色全要素生产率，并使用回归分析方法进行理论模型检验。

第三，环境规制对建筑行业碳排放强度的影响。

以探究模糊型环境规制对建筑行业碳排放强度的影响为目的建立理论模型。首先，对模糊型环境规制对建筑行业减碳的执行机制进行分析。以北京市、广东省、陕西省和重庆市作为案例，资料来源于对案例省（直辖市）的环保部门官员进行深度访谈所获取的实证材料，以及政府出台的关于低碳试点政策的政策文件、新闻报道等。基于扎根理论，采用自下而上的分析策略，借助 Nvivo12 软件进行文本分析，得到模糊型环境规制对建筑行业减碳的执行机制。其次，基于执行机制分析的结果并结合以往研究提出假设并构建理论模型。最后，以建筑行业碳排放强度作为因变量，以模糊型环境规制作为核心自变量，从各类统计年鉴以及统计局网站收集 2008—2017 年的省级面板数据作为本研究所需的数据，并使用基于倾向得分匹配的双重差分（PSM-DID）方法进行理论模型检验。

1.4.2 理论及实践意义

1.4.2.1 理论意义

（1）本书丰富了制度理论相关的研究。一方面，本书在前人研究的三种传统环境规制的基础上，将以绿色政府采购为代表的政府需求类环境政策归纳为需求端环境规制，将政策工具不明确的环境政策归纳为模糊型环境规制，这拓展了环境规制领域的研究内容。另一方面，本书从微观及宏观两个层面以及项目管理、省级分析的双重视角分别探讨了环境规制对绿色建造的影响，从多层次多角度丰富了制度理论相关的研究。

（2）本书拓展了组织变革理论的适用范围。本书探讨了环境规制对绿色工程项目管理的影响，但不同于以往研究中仅基于个人视角的理论（如计划行为理论），本书基于组织变革理论探索了项目经理的思维和行为。在项目经理感知传统环境规制与他们的绿色工程项目管理行为的影响机制中，情感变革承诺的中介效应得到了验证，该结果与组织变革理论应用中较为成熟领域的研究结果相符合，这表明组织变革理论的应用范围被拓展到了绿色工程项目管理领域。

（3）本书基于资源基础理论再次验证了波特假说。本书探讨了环境规制对绿色全要素生产率的影响，且基于资源基础理论提出国有企业在建筑行业拥有的独特资源禀赋可能会影响环境规制有效性的观点。研究结果表明，部分环境规制的确对绿色全要素生产率有促进作用，需求端规制在行业国有化程度越高的区域对绿色全要素生产率的促进作用越强。这符合资源基础理论的前提，且再次支持了波特假说中关于设计恰当的环境规制非但不会阻碍企业的发展，而且还会在一定程度上提高企业竞争力的观点。

1.4.2.2 实践意义

（1）对于政策制定者而言，本书的结果可以为未来环境规制的创新作参考。例如本书发现非正式环境规制并不会显著影响绿色全要素生产率。为此，政府应鼓励建立环保组织，充分发挥非正式环境规制的作用。此外，对于本书发现的一些阻碍环境规制发挥出有效性的因素，政策制定者也应当做出相应的调整。

（2）对于监管者而言，本书的结果可以帮助政策监管者了解到现行环境规制的实施效果，为调整今后的监管方式作参考。对于实施效果较好的环境规制可以保持现状或加大监管力度，如对指令控制型环境规制加强监管。对于效果不佳的环境规制，本书的讨论部分会给出可能的原因，且在结论中给出切实可行的建议，为政策制定者调整环境规制的执行力度或监管方式提供参考。

（3）对于建筑企业而言，本书的结果可以为建筑企业激励项目经理实施绿色工程项目管理作参考。本书表明由项目经理的现行薪资结构而导致的他们对成本的格外重视，以及项目绩效考核中对于环保方面的缺失均可能会导致项目经理忽略环境管理。这些结论可以为建筑企业采取相应的激励措施作参考。

1.5 写作思路

1.5.1 采用的研究方法

1.5.1.1 文献研究法

基于系统的文献学习，分析中国目前的环境规制与建筑行业相关的理论依据，提炼出本书的核心研究问题。通过梳理经典的制度理论、组织变革理论、资源基础理论以及动态能力理论等，深入剖析环境规制对绿色建造的影响，构建本书的理论模型。

1.5.1.2　问卷调研法

本书在环境规制对绿色工程项目管理的影响研究中采用问卷调研法收集数据。问卷来源于线上调研：

（1）通过社会关系向目前正在施工的建设项目的项目经理（包括项目副经理）发放线上问卷；

（2）采用长沙冉星信息科技有限公司所运营的问卷星网站的样本服务，邀请从事建设项目管理工作超过 1 年的项目经理参与线上问卷调查。

1.5.1.3　访谈调研法

本书共进行了两次访谈调研：

（1）在环境规制对绿色工程项目管理的影响中，对数名在建项目的项目经理进行了半结构化访谈，帮助构建传统环境规制对项目经理绿色工程项目管理行为的影响理论模型；

（2）在环境规制对碳排放强度的执行机制研究中，对多名低碳试点省（直辖市）执行低碳试点政策的相关人员进行半结构化访谈，帮助理清模糊型环境规制的执行路径。

1.5.1.4　多种计量方法

本书为了检验环境规制影响建筑行业绿色工程项目管理、绿色全要素生产率及碳排放强度的理论模型，用到了多种计量方法：

（1）在对建筑行业绿色全要素生产率的计算中使用了 SBM-DEA 模型；

（2）在环境规制对绿色工程项目管理及绿色全要素生产率的影响研究中，使用回归分析检验理论模型；

（3）在环境规制对碳排放强度的影响研究中，使用 PSM-DID 方法检验理论模型。

1.5.1.5　扎根理论方法

本书在第 3 章项目经理的感知传统环境规制对其绿色工程项目管理行为的影响研究中，以多名项目经理进行深度访谈的形式获取一手资料，并采用扎根理论方法构建理论模型。此外，在第 5 章模糊型环境规制对碳排放强度的影响研究中，选取 4 个案例省（直辖市）探究模糊型环境规制对建筑行业减碳的执行机制。在资料分析部分，采用扎根理论方法对资料内容进行分析，并借助 Nvivo12 软件对所搜集的各种资料进行编码，得出核心范畴，最终理清政策的执行路径。

1.5.2　技术路线

本书的技术路线如图 1-2 所示。

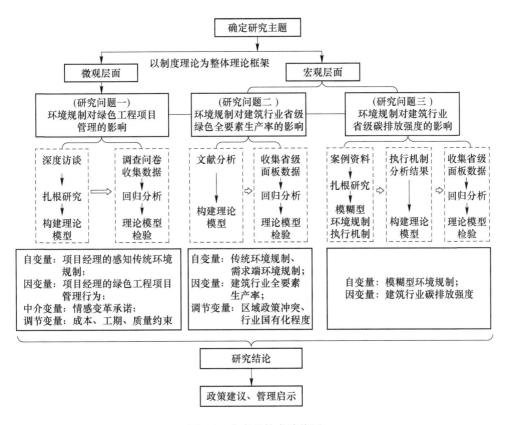

图 1-2　本书的技术路线图

1.6　创　新　之　处

本书以探索如何借助环境规制促进建筑行业的绿色建造为目的，聚焦于微观和宏观两个视角，从项目管理、省级分析这两个视角进行探讨。研究结果为环境规制和绿色建造领域提供了一些新知识。本书的创新点可以总结为以下三个方面。

（1）本书构建了一个被调节的中介模型探讨了环境规制对项目经理的绿色工程项目管理行为的影响机制。以往研究中仅从项目经理个人层面的驱动因素出发探究项目经理绿色管理行为的影响因素，最常见的是基于计划行为理论得出项目经理的态度、主观规范和感知行为控制是最重要的决定因素。然而，绿色工程项目管理并不仅仅是项目经理的个人行为，还是一项组织变革，因此组织层面的影响因素不容忽略。基于组织变革理论探索了项目经理思想及行为的转变过程，这拓展了项目管理领域的理论研究视角。

（2）本书基于中国的制度环境特点及建筑行业的特点，提出了区域政策冲突、行业国有化程度会影响环境规制有效性的观点，增加了环境规制与绿色建造领域的知识。以往研究中虽然也探索了一些环境政策与绿色建造的关系，但往往忽略了一些中国现存的一些制度特征和行业特征因素的影响。一方面从制度角度考虑了可持续发展实验区这种中国特色的制度带来的政策冲突对环境规制有效性的影响。另一方面，从建筑行业的角度考虑了国有制企业占主导地位这种行业的特点对环境规制有效性的影响。本书有助于对中国现实存在的制度和行业问题对绿色建造的影响的理解。

（3）本书提出了采用定性研究方法探究模糊型环境规制的执行机制，弥补了定量研究方法在模糊型政策研究方面的局限性。以往研究所关注的环境规制大多是执行路径清晰，政策工具明确的传统环境规制（指令控制型、基于市场型和非正式型）。然而，模糊型环境规制作为一类特殊环境政策的集合，没有清晰的政策工具。此类环境规制对具体行业的执行路径并没有明确地在政策文件中展示，而仅仅提供了一个模糊的总体政策目标。以往研究缺少对于这种模糊性政策的具体执行机制的深入探讨，不足以为政策改善和创新提供理论指导。本书采用扎根理论的定性研究方法，选取 4 个低碳试点省（直辖市）作为案例，深入剖析了此类模糊型环境政策的执行路径和对建筑行业减碳的执行机制。这一尝试打破了模糊型政策的宏观研究范式，为模糊型政策相关的研究提供了新的思路。

1.7　本 书 结 构

本书共包括 6 章，具体安排如下。

第 1 章，绪论。首先，基于中国碳达峰和碳中和的目标以及目前绿色建造的现状介绍研究背景并界定研究视角；其次，详细阐述本书的核心研究问题、研究内容和研究意义，并明确研究方法与技术路线；最后，根据本书所得结论，提炼、汇总创新点。

第 2 章，理论、概念及文献综述。首先，介绍本书的理论基础，分别对制度理论（Institutional Theory）、组织变革理论（Organizational Change Theory）、资源基础理论（Resource-Based View）和动态能力理论（Dynamic Capability Theory）等进行简要回顾；其次，对本书的相关概念进行明确的界定，从学术视角清晰阐述传统环境规制、需求端环境规制、模糊型环境规制、绿色工程项目管理、绿色全要素生产率、碳排放强度等概念的内涵，并进行文献综述；最后，结合相关理论对环境规制对绿色建造的理论机制进行分析。

第 3 章，环境规制对绿色工程项目管理的影响。首先，通过对多名在建项目的项目经理进行深度访谈，并对访谈记录进行扎根研究后构建理论模型。其次，基于访谈的结果和以往研究的结果对项目经理的感知环境规制与其绿色工程项目管理行为的关系提出假设3-1、从组织变革的角度对中介效应进行分析并提出假设3-2；分析三重约束对以上关系调节效应提出假设3-3、假设3-4和假设3-5。然后，采用问卷调查的方法收集数据，并使用回归方法对理论模型进行检验。最后，对本部分研究内容进行小结。

第4章，环境规制对建筑行业省级绿色全要素生产率的影响。首先，分别对传统及需求端环境规制对绿色全要素生产率的影响进行分析提出假设4-1和假设4-2；对区域政策冲突对以上关系的影响进行分析提出假设4-3a和假设4-3b；对行业国有化程度对以上关系的影响进行分析提出假设4-4a和假设4-4b，并建立理论模型。其次，通过国家统计局网站及多种统计年鉴收集省级面板数据，采用SBM-DEA模型计算建筑行业的绿色全要素生产率，并采用回归分析方法对理论模型进行检验。最后，对本部分研究内容进行小结。

第5章，环境规制对建筑行业省级碳排放强度的影响。首先，以低碳试点政策为代表，选择北京市、广东省、重庆市和陕西省作为案例，将对案例省（直辖市）的相关部门工作人员进行访谈的记录、相关政策文件、新闻报道作为定性研究的材料，采用自下而上的分析策略对材料进行扎根研究并得到模糊型环境规制的执行机制。其次，基于执行机制分析的结果和以往研究提出假设并构建理论模型。再次，通过国家统计局网站及多种统计年鉴收集省级面板数据作为定量研究的数据。采用PSM-DID方法进行理论模型检验。最后，对本部分研究内容进行小结。

第6章，总结。首先，总结实证结果和研究结论；其次，根据研究结论提出相关管理启示；最后，指出研究的不足之处、研究局限以及未来可改进的方向。

2 理论、概念及文献综述

在第 1 章中，明确了 3 个核心研究内容，简要概括如下：

（1）环境规制对绿色工程项目管理的影响；

（2）环境规制对建筑行业省级绿色全要素生产率的影响；

（3）环境规制对建筑行业省级碳排放强度的影响。

首先，环境规制是一项典型的绿色制度，它对项目经理和建筑行业的省级影响全部基于制度理论的大框架下，因此本书的 3 部分研究内容均基于制度理论（Institutional Theory）。其次，第 1 部分研究内容探讨项目经理作为组织的管理者在由传统工程项目管理到绿色工程项目管理这一组织变革过程中的思想和行为转变，因此该部分研究内容的理论基础为组织变革理论（Organizational Change Theory）。再次，第 2 部分研究内容中探讨区域政策冲突及行业国有化程度对环境规制有效性的影响，对于这些影响的讨论基于资源基础理论（Resource-Based View）。最后，第 3 部分模糊型环境规制对建筑行业碳排放强度的影响的讨论基于动态能力理论（Dynamic Capability Theory）。因此，本章 2.1 节分别对制度理论、组织变革理论、资源基础理论以及动态能力理论进行简要论述。

本书的核心自变量为环境规制，因变量为绿色建造。因此，本章首先在 2.2 节分析了对因变量绿色建造在宏微观层面研究的必要性和衡量指标选取的合理性，并对本书选取的绿色工程项目管理、绿色全要素生产率及碳排放强度这三个指标的概念以及影响因素研究进行文献综述。其次，本章在 2.3 节对不同类型环境规制的概念和相关研究进行了文献综述。最后，基于对理论的学习和对以往研究的综述，对环境规制影响绿色建造宏微观层面的理论机制进行分析。

2.1 相 关 理 论

2.1.1 制度理论

制度理论（Institutional Theory）是组织经济学的一个分支，它认为制度环境对组织或个体（也称为行为者）的决策、行为选择具有重要影响。制度环境指的是组织或个体所处的法律制度、文化期待、社会规范、观念制度等人们普遍接受的社会事实。制度观点认为，人类行为的动机远远不局限于经济最优化，还包括社会性理由。制度理论家关心的问题是组织和个人的决策和行为有多大程度上是受到制度的影响，而不是多大程度出于理性而做决定。制度理论形成了4个独特的概念，它们共同构成了这个理论体系的基础。

2.1.1.1 制度

制度指的是建立在某种正式的或非正式的规则上的结构，目的是限制或控制个体或组织的行为。现行的法律法规、政策、规范、文化认知和策略等都被认为是制度的表现形式，它们一定程度上被广为接受甚至是理所当然的。它们的作用是为组织和个体描述现实，解释对错以及阐述哪些行为可以做，哪些行为不可以做。制度作为一种预设的"表演剧本"，为行动者划定了稳定性和合法性的范围，违背了"表演剧本"的组织或个人将会付出一定程度的成本或代价。本书所关注的环境规制即为绿色制度。

2.1.1.2 组织场域

组织场域指的是具有共同意义体系的组织共同体，它的参与者们围绕同一个核心问题，且拥有对话和讨论的公共渠道。一个组织场域的参与者之间的互动较于外界互动而言更为频繁，它们可以有不同的身份，包括政府、企业、同行业的竞争者、上游供应商、下游消费者、围观的民众、不参与交易的监管者等。每个参与者都围绕着这个场域的主导逻辑和制度环境进行互动和博弈。场域概念提出的价值就是在于提醒研究者不要仅仅关注组织的竞争者和它的互动，还要关注场域内的其他相关行为者。本书在宏观层面的省级研究即将省（直辖市）视为一个组织场域。

2.1.1.3 合法性

合法性指的是一种普遍性的认知或假设，它用来衡量行为者的具体行动在规范、价值观或定义方面的正确性或恰当性。这种合法性不仅仅指的是法律法规的强行规范，还包括文化制度、思想观念、社会期待等。这些合法性使得某些行为成为人们普遍接受的行为，因此在某个组织场域内的某些行动被认为是具有合法性的，使行为者难以违背。合法性机制是诱使或迫使行为者采纳符合制度环境的一种制度力量。即组织受到制度的影响与制约，追求社会认可，接受合乎情理的决策或行为的因果关系就称为合法性机制。

2.1.1.4 趋同化

趋同化指的是在同一个组织场域内，组织之间的紧密联系使得它们在共同的制度压力下逐渐趋于相似。传统意义上认为，导致趋同化的原因主要是三种主要的制度机制，分别是强制、规范和模仿。

（1）强制制度机制指的是行为者所依赖的制度环境给其施加了正式或非正式的压力导致了其行为的改变，比如法律、具体的规则、标准的操作流程等。它的合法性基础是法律上的惩戒。

（2）规范制度机制强调的是行为者的行为遵从社会规范形成恰当性和合理

性行为，它的合法性基础是道德上的规制。

（3）模仿制度机制指的是行为者在面对制度环境的不确定性时，为了规避风险，行为者会模仿其他行为者来形成自身行为，被模仿的通常是行业中的佼佼者的行为或较为流行的行为。它的合法性基础是文化性的支持和观念上的正确。

2.1.2　组织变革理论

2.1.2.1　组织变革的概念

组织变革（Organizational Change）是管理学领域的概念，它指的是组织的功能或者方式方面的变革，是组织们长期追求的重要目标。学者们的观点虽各不相同，但一般都包括以下四方面的含义：

（1）组织变革的核心是为了组织的生存；

（2）组织变革是一个过程，是为了应对组织内部或者外部环境的变化；

（3）组织变革通常是面临重重阻碍的，原因是想彻底摆脱过去；

（4）组织变革成功后通常会带来绩效提升和竞争力增强。

总之，组织变革是一系列有计划的改革，变革主要体现在组织战略创新方面，且需要组织中的群体、个体及每个组织成员的共同参与和努力，最终使组织能够完全适应环境。这样的组织变革才能够避免成员消极甚至组织衰退。成功的组织变革需要领导者制定有竞争力的新战略，以适应不断变化的内外部环境。

2.1.2.2　情感变革承诺与组织变革

承诺（Commitment）被认为是影响员工支持变革举措的最重要因素之一。变革承诺（Commitment to Change）被定义为一种力量（思维定式），它将个人与被认为是成功实施变革举措所必须的一系列行动联系起来。Conner 将变革承诺描述为"在人与改变目标之间提供重要纽带的黏合剂"。Conner 和 Patterson 认为导致改变项目失败的最普遍的原因是人们缺乏承诺。

变革承诺被认为是一个多层面的概念，它表明人们倾向于支持变革，并愿意采取行动来提高变革方案的效力。根据承诺的三个组成部分模型，Herscovitch 和 Meyer 证明了三种独立的心态的存在，可以帮助员工追求变革支持性的计划。第一个组成部分是情感承诺，其特征是需要为变革提供支持；第二个是规范性承诺，表示支持变革的义务感；第三个组成部分是持续承诺，其核心是认识到不支持变革会带来成本。情感变革承诺（Affective Commitment to Change）是变革承诺的一种类型。情感变革承诺被定义为个体基于对其固有利益的信念而支持组织变革的思维倾向。根据组织变革领域的相关研究，变革承诺是个体支持变革的最重要因素。其中思维导向的情感变革承诺对个体的"组织相关行为"有最大的影响。

2.1.3 资源基础理论

资源基础理论（Resource-Based View）最早出现在1959年《企业成长理论》这本书中。书中认为，企业是资源的集合。在此基础上，Wernerfelt于1984年归纳出资源基础观（也称作资源基础理论）。1991年，Barney以资源的特征为出发点提出了VRIN框架，即企业得到竞争优势的核心是拥有一些高价值、高稀缺、难模仿以及无法替代的资源。这一观点的提出标志着资源基础理论具备了正式理论体系的性质。

资源基础理论认为，企业是一个系统，它是开放的，企业获取重要资源的能力决定它的生存能力。企业和个人是不同的，它是由资源聚集而成的。随着越来越多的学者关注这个领域，学者们将组织行为学、产业经济学等传统学科理论与其融合，研究了企业自身优势竞争力的根源和独特资源以及独特能力的重要程度，他们认为企业的战略资源通常是企业内部的自主合作聚合而成的隐性知识，这些观点为今后研究企业的战略管理给予了新的思路。因此，资源基础理论认为企业的竞争优势主要源于企业的核心资源、核心能力，资源可以作为要素投入生产，且能力指的是合理使用资源达成生产目标的技术能力和管理能力。

随着相关领域研究的持续深入，学者们逐渐强调"能力"的重要性并将其从广义的资源基础理论中分离出来，给予其更加具体的含义。Prahalad和Hamel归纳出核心竞争力的概念，即能给企业带来竞争力的那些知识或技能，且应具备不易模仿的特点。Leonard对核心能力进行了进一步的归纳，指的是那些战略意义强的，能给企业带来竞争壁垒的能力的汇总。一些学者也对资源和能力这两个概念进行了辨析，探讨了不同的资源和能力的源头，并且提出资源的合理组合能够使企业能力得到增强。相对应地，企业也应该面临环境改变时能够重新调配能力和内外部资源，最终实现核心竞争力的提高，达成可持续发展的目标，这些研究都为后续的资源基础理论研究打下了基础。

2.1.4 动态能力理论

动态能力理论（Dynamic Capability Theory）根植于资源基础理论、演化理论和组织理论等相关理论。如2.1.3节所述，能力基础观是资源基础理论的继承和发展，它突破了资源基础理论的静态视角，认为企业本质上就是能力的集合体，企业成长取决于企业能力集合与动态环境相适应的过程。动态能力理论是能力理论的主要分支之一。Teece和Pisano提出动态能力这一概念，并初步将动态能力划分为适应、整合和重新配置三种维度。Teece等明确将动态能力定义为企业整合、构建资源及其重构内外部能力，以适应快速变化的动态环境的过程，可被视为动荡环境中可行的管理手段。该文中还强调企业能力需要与环境要求相匹配，企业只有紧跟环境的变化及时调整其战略、整合其资源从而改变其能力才能保持持续的竞争优势。此后，另一位研究动态能力的知名学者 Helfat 等指出动态能力是代表企业根据环境变化调整流程和资源基础（包括知识）的能力。

基于中国国情的研究中，以马鸿佳等为代表的国内学者与主流的认知基本一致，将动态能力定义为企业不断地整合、构建和重新配置内部和外部的竞争力以应对环境快速变化的能力。从流程的角度，Eisenhardt 和 Martin 则给出了更广泛的定义：动态能力是一系列特定的、可识别的流程，例如产品开发、战略决策等，拓展了动态能力的应用范围，进一步指出动态能力的作用在于优化企业资源、升级企业能力，即使是在稳定的环境下对企业提升竞争优势也有重大作用，从而拓展了动态能力的应用范围。经过二十多年的发展，动态能力作为一种极大价值的理论方法出现，理论的重要性逐渐得到了学术界的广泛认可，其被认为是对抗内外部环境变化，获取企业绩效和竞争优势的有效手段。

2.2　绿色建造的宏微观研究

2.2.1　绿色建造的宏微观衡量指标

2.2.1.1　宏微观层面研究的必要性

制度理论重点关注制度因素影响组织或个人的决策甚至成为他们的行动指南的过程，解决的是组织或个人在面临外部制度压力或制度环境改变时如何通过协调自身的战略与决策，以实现最终的效用最大化的问题。最早将制度理论引入可持续发展领域的学者认为，基于制度理论对可持续问题的探讨不仅仅要研究者去讨论可持续的最佳定义或者识别出最优的可持续行为，而是要求研究者可以发掘可持续的概念如何被组织和个人构建并接受，可持续实践如何被采纳并延续。因此，环境规制这一绿色制度在微观层面如何被绿色建造的组织和个体采纳并付诸绿色实践的过程值得探讨。此外，在同一个组织场域内的组织和个人会受到同样的制度环境的影响而产生趋同化。那么，受到趋同化的影响，绿色制度在场域中扩散最终在宏观层面产生什么样的结果同样值得探讨。因此，本书除了从微观层面探讨绿色建造的组织和个人受到环境规制这一外部制度力量的影响过程之外，还从宏观层面探讨受到这些组织和个人在一定的组织场域内产生趋同化后的形成的绿色建造结果。

2.2.1.2　宏微观层面的衡量指标选取

以往关于绿色建造的研究在微宏观层面采用了多种衡量指标。在微观层面，有学者采用绿色技术或创新水平来衡量建筑企业的绿色建造程度，有学者以采用定量的环境指标（如施工中的能源消耗、温室气体排放等）来衡量工程项目的绿色建造水平，还有学者以工程项目管理者的绿色知识、行为来衡量建筑企业或项目的绿色建造水平。在宏观层面，以往研究往往关注全国或地区建筑行业的整体绿色发展程度。以往学者们采用的衡量指标大致可归纳为两类：第一类是诸如碳排放效率、绿色全要素生产率等过程导向的指标；第二类是诸如碳排放量、碳排放强度等结果导向的指标。

　　本书的研究目的是探索环境规制对绿色建造的影响。中国的行政区划有五个行政层级，即中央（国家）、省（自治区、直辖市）、市（地区、自治州、盟）、县（区、旗、县级市）、乡（镇、街道）。省级政府位于第二层，负责统筹全省的环境污染治理工作，而之下每级政府主要负责落实环境保护职责。因此，中国的环境规制主要以省政府颁发的环境保护政策为主。在微观层面，建筑企业往往同时开展多个建筑项目，而这些项目分布在不同的省（直辖市），分别受到当地环境规制的影响，因此若以建筑企业作为研究对象则难以探讨环境规制如何在微观层面对绿色建造产生作用。然而，建筑企业的所有工程建造活动都是以项目的形式运作管理的。工程项目主要受到项目所在地环境规制的约束，且项目建造过程的绿色程度很大程度受到管理者（项目经理）的主导。因此，本书选取项目经理的绿色工程项目管理行为作为绿色建造在微观层面的衡量指标更符合研究的目的。

　　基于环境规制的省级特点，以往宏观层面关于环境规制有效性的研究大多关注省级指标，如 Guo 和 Yuan、Lei 和 Wu、Li 和 Ramanathan 等的研究工作。因此，本书也同样选取省级指标作为宏观层面的研究对象。一方面，习近平总书记在党的十九大报告中的提到，推动经济发展质量变革、效率变革、动力变革，提高全要素生产率。而建筑行业作为中国经济的支柱产业，该行业生产率的提高将会对全社会生产率提高做出显著贡献，因此对建筑行业的研究要重视生产率问题。另一方面，为了实现"碳达峰、碳中和"的承诺，全社会各个行业都将减碳作为重要的努力方向。而建筑行业作为排碳大户，也应当首当其冲地重视碳排放强度的问题。综合以上两点，本书选取省级建筑行业的绿色全要素生产率和碳排放强度作为宏观层面绿色建造的衡量指标。

2.2.2　绿色工程项目管理的概念及影响因素

2.2.2.1　概念

　　工程项目管理是指为了实现组织的既定目标，合理规划和利用各类有限资源，并依据正确理念的指导，进行决策、指挥、协调与控制的活动和过程。传统工程项目管理仅仅以追求高效、利益最大化为核心以及以进度、质量、成本为主要目标，因此也暴露出许多缺点。例如，在进度管理中为了赶工期而忽略社会影响，在质量管理中因追求工程项目成果质量而牺牲过多的资源并对环境产生过大负担，在成本管理中减少社会责任和环境保护支出以降低项目成本等行为，这些都不利于建筑企业的长期发展。因此，在可持续发展和绿色管理的理念下，绿色工程项目管理是对传统工程项目管理的一种创新和颠覆。

绿色工程项目管理（Green Engineering Project Management）是指以可持续发展为指导思想，将环保理念融入项目管理活动中，并通过合理规划和组织资源达成组织既定目标，实现经济、社会与生态效益共赢。具体来说，绿色工程项目管理以环境友好作为项目目标，它区别于传统工程项目管理的核心就是引入绿色管理思想，并将可持续发展理念用于指导工程建设和项目运营，最大限度地减少工程项目对生态环境造成的不良影响，并使其不断改善。

中国的项目经理是建筑企业委派到建设项目中的最高管理者，是工程项目的进度、质量、成本、环保第一责任人。因此，项目经理在工程项目管理中处于核心地位，并有能力影响项目的许多方面。他们对外受到政府和其他利益相关方的影响，对内主导着施工方项目管理的全过程，是项目内部与外界沟通的桥梁。随着项目管理和可持续性之间建立起联系，绿色管理被认为是项目经理的一种能力。绿色管理原则在项目中的应用很大程度上受到项目经理的影响，Maltzman 和 Shirley 甚至认为项目经理是企业实现绿色发展的纽带。因此，要想实现工程项目的绿色施工，如今的项目经理不仅要履行传统的项目管理角色，还应当在环境保护方面以最高效和有效的方式管理项目，即履行绿色工程项目管理行为。具体包括在项目施工组织设计中采用环保的施工方法和施工机械，在施工管理中践行四节一环保（节能、节地、节水、节材和环境保护）的原则等。

2.2.2.2　影响因素

近年来，绿色工程项目管理对实现绿色建造的重要性已逐渐引起学者们的重视，但现阶段相关研究仍处在探索性阶段。其中影响项目经理绿色管理行为的因素得到了一定程度的探索。Hwang 和 Ng 认为项目经理的知识和技巧是绿色管理的重要挑战。Martens 和 Carvalho 发现项目经理的视角下，可持续创新商业模式、利益相关者管理、经济和竞争优势、环境政策和资源节约是影响绿色工程项目管理的重要因素。Silvius 等认为与三重约束（成本、工期、质量）标准相比，项目经理对绿色管理原则的考虑不足。中国学者袁红平和刘志敏采用结构方程模型的检验方法，归纳了 13 个影响建筑工地建筑垃圾分类的因素，其中最重要的影响因素包括建筑垃圾分类分拣缺乏可操作性、工地周围的环境限制、施工场地的空间限制、干扰施工作业过程、政府强制措施缺乏、建筑垃圾分拣效率低以及建筑垃圾循环利用的市场不完善等。

也有部分学者基于计划行为理论，探索了项目经理在项目建造过程中实践绿色管理的激励因素。Yuan 等发现态度是项目经理减少浪费意图的最强预测因素，其次是主观规范和感知行为控制。其中态度的前因变量为预期利益、公司的废物管理策略，主观规范的前因变量为环境相关的监管、社会文化环境和市场需求，感知行为控制的前因变量为有关废物管理的配套设施和技术、感知自我效能和政府的政策激励。Silvius 和 Graaf 同样以计划行为理论为基础，发现道德因素、个人能力、潜在利益、潜在风险和组织契合度，这些因素影响项目经理的绿色管理相关的意图。Silvius 和 Schipper 总结了三个代表不同刺激模式的因素，分别可以被标记为"务实的""内在驱动的"和"任务驱动的"。中国学者石世英和胡鸣明以制度理论及计划行为理论为基础，以项目经理为研究对象，探索了其垃圾分类决策的行为意向受到哪些因素的影响，以及其中的影响机制。结果反映出项目经理的态度、主观规范及感知行为控制可以促进他们的垃圾分类意向。其中态度的影响最显著，制度压力在感知行为控制和意向之间起调节作用。

2.2.3 绿色全要素生产率的概念及影响因素

2.2.3.1 概念

绿色全要素生产率（Green Total Factor Productivity）也称环境全要素生产率或能源效率，它将环境因素纳入了全要素生产率的度量中，是综合评价经济增长与环境保护的重要发展指标，也是绿色建造在宏观层面绩效的体现。绿色全要素生产率的前身为全要素生产率，Nanere 等认为，传统全要素生产率的计算仅仅将资本投入和劳动投入纳入投入指标的范围，而遗漏了能源投入，这可能会导致测度得不够准确与可靠。此外，在传统全要素生产率的计算中，仅考虑经济产出这一项期望产出指标，忽略了对环境的不良影响这一非期望产出。这与经济发展和环境保护并行的原则相背离，从而给出的政策建议适用性不够强。

近年来，学者们在进行全要素生产率的研究中考虑了能源投入与碳排放产出这两个指标。多数学者将能源投入设定为一个投入指标，同时将碳排放设定为一个非期望产出指标，逐步实现了在考虑环境约束情境下的全要素生产率的准确衡量。Chambers、Chung 等提出了基于方向性距离函数模型来衡量生产率，从方法论角度为衡量环境规制带来的实际效应奠定了基础，随后此方法快速得到了应用。Oh（2010）通过构建全局 Malmquist-Luenberger 指数对模型进行了完善，并衡量了 26 个经济合作与发展组织国家的环境全要素生产率。一些中国学者以探究环境规制对地区全要素生产率的影响为出发点，提出了环境全要素生产率、绿色生产率等概念。陈诗一等把能源消耗和碳排放都当作投入指标衡量了工业绿色全要素生产率，发现能源和资金是经济提升的主要影响因素。从研究对象来看，目前绿色全要素生产率相关的研究大多关注国家或地区层面，聚焦于具体行业的研究较少，包括工业、物流行业、农业等。然而，根据 Jorgenson 等的观点，经济发展水平在不同的部门或行业之间是有较大差异的，因此使用地区水平描述行业水平会存在一定的偏差，分行业进行区别化衡量和探讨其影响因素是有必要的。因此本研究对建筑业的绿色全要素生产率进行研究是合理的。

2.2.3.2 影响因素

以往研究中对于建筑行业绿色全要素生产率的影响研究较少。向鹏成等发现建筑行业绿色全要素生产率受到劳动力质量、能源结构优化和建筑行业市场化的积极影响。张普伟等的观点是建筑行业绿色全要素生产率受到技术进步的驱动，而受到规模效率与管理效率的反向驱动。也有研究发现甲方、专业人员的知识、技术等因素都能影响建筑行业的绿色全要素生产率。最新的研究中，学者们还关注到了信息技术的发展对绿色全要素生产率的积极作用，以及环境规制在其中的调节效应。其余对于绿色全要素生产率的研究大多集中在地区、工业、农林业、制造业或其他行业。

绿色施工技术水平的采用程度是建筑行业绿色全要素生产率较高的体现。以往文献对于绿色施工技术的影响因素有一定的研究。Gan 等认为在业主的角度，经济可行性、意识、立法和监管是阻碍他们采用绿色施工技术的最重要因素。在承包商的角度，Darko 等研究了在加纳采用绿色施工技术的驱动力，分别为提高能源效率、提高居住者的健康和福利、不可再生资源保护和降低全生命周期成本四大因素。Hussain 等发现不稳定的政治环境、缺乏政府政策、缺乏业主参与和缺乏资金、缺乏高层领导支持是巴基斯坦绿色施工技术推广的重要阻碍。He 等发现"失信名单披露"和"统一绿色认证"是有效地防止施工污染的措施，且只有在政府有足够的监管能力的情况下才有效，政府处罚和绿色补贴的规定可能没有那么有效。

2.2.4 碳排放强度的概念及影响因素

2.2.4.1 概念

碳排放强度（Carbon Emission Intensity）指的是单位国内生产总值（GDP）所产生的二氧化碳排放量，具体到建筑行业指的是建筑行业单位总产值所产生的二氧化碳排放量。它是除了绿色全要素生产率之外的建筑行业宏观层面绿色建造程度的另一种体现。当前对于碳排放的核算方法主要有两类：一类是从终端消费出发的碳核算方法；另一类是从全寿命周期的过程出发的碳核算方法。然而在中国，碳排放的计算基数和计算方法都还难以与国际同步，也没有形成全国统一的标准碳核算体系，只有针对区域或某些行业的碳排放核算标准体系。

碳排放强度是建筑物建造阶段对环境进行管理的过程中获得的碳排放相关的可量化的实际成效的体现。Onubi 等发现企业的碳排放强度显著地影响了客户满意度，客户的类型调节了碳排放强度和客户满意度之间的关系，以及经济表现部分中介了碳排放强度和客户满意度之间的关系。Lu 等认为中国的建筑业实现或超过了中国大部分的短期和中期减排目标，但能否实现长期减排目标存在不确定性。

2.2.4.2 影响因素

中国能源消费结构的特殊性是国家能源资源分布不均导致的，煤炭占主导地位的能源结构使得中国降低碳排放强度成为了严峻的挑战。以降低中国的碳强度为目的，学者们从能源消费结构、替代能源计划、能源产业政策三个视角探索了整个国家的节能减排能力。在减少二氧化碳排放的视角，林伯强、徐丽娜等认为在社会经济快速提升且能源消耗量巨大，温室气体排放限制了中国的可持续发展的情况下，中国的能源结构应当做出改变。应当从能源的供应和需求两方面思考中国的能源节约问题，并把碳排放作为需求方的限制条件。在替代能源的视角，刘全根、王韶华、杨勇平等认为中国过去的经济发展模式过于粗放，能源结构中煤炭占据了主要地位。随着第三次世界能源结构调整，未来全球范围内将推崇新型能源，如水电、风电、地热、核电等，目的是优化能源结构，这也是中国在未来的能源战略原则。

对于建筑行业而言，现有文献中提到的能够影响其碳排放强度的因素包括技术方面和政策方面的因素。对于技术方面的因素，刘美霞等认为采用装配式建造方法进行住宅建设可以有效降低综合碳排放和减少建筑垃圾。鲍学英和许锟以铁路隧道开挖支护施工为研究对象，建立了隧道开挖支护施工机械配置优化模型，目的是减少施工过程中的碳排放量。刘贵文等提出了基于信息物理系统技术的施工现场碳排放实时监测系统框架；文中明确了施工现场碳排放的计算边界和对应的计算逻辑，并开发了碳排放实时监测的硬件系统和软件系统。对于政策方面的因素，高艳丽等从建设用地碳排放强度省级差异视角出发，运用双重差分法检验了碳排放权交易政策的有效性。Lu 等认为能源强度、机械效率、能源结构、材料消耗、设备自动化水平、和单位成本是影响建筑行业碳排放强度的主要因素。Du 等研究了低碳试点政策涉及的省（直辖市）中建筑行业减碳与建筑经济增长的脱钩关系。

2.2.5 绿色建造研究评述

通过以上文献综述，本书发现对于绿色建造的研究虽然已经有不少成果，但无论是从微观还是从宏观层面的研究都仍然存在一些局限性，以下将进行具体阐述。

首先，以往对于绿色建造微观层面的研究忽略了组织变革这一背景。以往对于通过项目经理实现绿色工程项目管理的研究大多基于计划行为理论进行研究。然而，由于传统工程项目管理到绿色工程项目管理的转变无疑是一场组织变革，因此从组织变革理论出发研究项目经理的绿色工程项目管理行为也是不容忽视的。一方面，一个建筑项目可以被视为一个临时的组织，那么由传统工程项目管理到绿色工程项目管理的转变可以视为一场组织变革，项目经理是这场变革的执行者。另一方面，中国开始可持续发展年份较少且尚未取得全面成功。为了改善建筑行业的环境问题，需要政策制定者、监管者和执行者的共同努力。这些利益相关者共同形成了一个相对独立的建筑行业绿化运作体系，这个体系可以被视为一个宏大的组织。综合以上两个方面，从组织变革视角探索项目经理在绿色工程项目管理这项组织变革中的思维和行为变革是有必要的。

其次，以往对于绿色建造宏观层面的研究忽略了环境规制的影响。以往研究中宏观层面绿色建造的影响因素大多集中在技术方面，如技术进步、绿色技术应用、信息技术发展等。然而，其他污染行业的全要素生产率和碳排放强度多次被证实受到环境规制的显著影响，如工业、农林业、制造业等。建筑行业是传统的污染行业和碳密集行业，根据环境规制的概念和政策目的，建筑行业是其关注的重点行业之一。因此，为了响应提高全社会生产率的号召以及助力碳达峰和碳中和目标的实现，探究环境规制对建筑行业全要素生产率和碳排放强度的影响也应当引起重视。

2.3　环境规制的分类研究

2.3.1　环境规制的概念及分类

环境规制（Environmental Regulation）指为了减轻组织和个体对自然环境的影响，并为他们进行环保创新创造条件的环境政策。关于中国的环境规制形式，以往研究中常见的可以划分为三类，分别为指令控制型环境规制、市场激励型环境规制和非正式型环境规制。本书将其归纳为传统环境规制。除此之外，本书又将以政府对环境友好产品、工程和服务的采购需求出发而制定的环境规制归纳为需求端环境规制，以及将那些政策工具和执行路径尚不明确的环境政策归纳为模糊型环境规制。因此，本书涉及的环境规制总共分为三个大类包含五个小类，具体内容如下。

2.3.1.1　传统环境规制

在以往的大量研究中，中国的环境规制形式按照规则的严格性和机制的设计基本上可以归纳为三种，分别为指令控制型、基于市场型和非正式型，它们归纳为传统环境规制。

（1）指令控制型环境规制指的是通过环境影响评估系统、技术标准和严格的排放指标来限制污染环境的行为和污染物排放的政策。中国的环境规制大部分是指令控制型，它们长期以来处于环境政策的主导地位，如地方政府对几乎所有的建造污染物都设立了排放标准并制定了处罚办法、部分地区在特定的时期也会实施临时规制以快速缓解某些环境问题、部分在冬季雾霾较严重的城市会发布短期的施工禁令。

（2）基于市场型环境规制遵循"污染者付费"原则，包括实施可交易的排放和收取排污费用等一系列经济手段。在中国它主要包括排污费政策（2018年被环境税替代）和碳交易政策。建筑项目的排放成本由直接污染者——建筑企业来承担。基于市场型环境规制为企业提供了采取措施或适当投资以减少其对环境的负面影响的灵活性。环境税取代排污税以后，政策的灵活性得到了更充分的体现。

（3）非正式型环境规制指除了来自正式法规的压力之外，注重环保的社会团体在政府授权的范围内给企业施加的一定的环保压力。非正式型环境规制带来的这些压力不是来自于政府强制，而是取决于公众的环境意识。随着公众的环境意识不断提高，来自公民、社区、消费者、投资者以及非政府环保组织的压力形成了多角度的非正式型规制。2019年，中国"12369环保举报联网管理平台"共接到公众举报531176件，一件投诉常涉及一项或多项污染源，其中大气污染占50.8%，噪声污染占38.1%，水污染占13.9%，固废污染占6.8%，其他问题占7.0%。全国噪声污染举报中，建设施工噪声为群众关注的焦点，举报量占噪声举报总量的45.4%。

2.3.1.2 需求端环境规制

本书将政府从自身需求出发鼓励企业绿色升级的环境政策称为需求端环境规制。绿色政府采购在中国实施已超过十年，是政府鼓励企业实施环境友好设计和制造，以减少所购产品在整个生命周期中对环境的影响而采取的一种采购过程。在绿色政府采购中，政府以一个拥有强大购买力的需求者的身份干预着企业的环保行为。中国的绿色政府采购分为三类，分别为物品类、服务类和工程类，2019年绿色政府采购合同总额超过1300亿元，其中工程类占比最大（约45.4%）[①]。工程类绿色政府采购鼓励建筑企业采用更环保的建材，更清洁的施工技术和施工过程中更加重视环境影响。2020年发布的最新绿色政府采购政策中制定了未来三年内的工作目标，是在政府采购工程中推广可循环可利用建材、高强度高耐久建材、绿色产品部件、绿色装饰装修材料、节水节能建材等绿色建材产品，积极应用装配式、智能化等新型建筑工业化建造方式[②]。

2.3.1.3 模糊型环境规制

本书将中央政府在制定政策时只提供了模糊的国家目标，采取宏观和指导性的表述，给予地方政府一定的自主空间，允许它们自行制定政策目标以及探索执行路径的环境政策统称为模糊型环境规制，如低碳试点政策、"零碳城市"政策和"无废城市"政策等。模糊型环境规制的目的是为一些远期的环境目标探索

---

① 数据来源：2019年全国政府采购简要情况，中国财政部网站。

② 数据来源：中国财政部和中国住房和城乡建设部关于政府采购支持绿色建材促进建筑品质提升试点工作的通知，中国政府采购网。

实现的道路，如碳达峰和碳中和等，其中执行力度最大、目的最明确的是低碳试点政策。2010 年，中国负责制定和实施国家应对气候变化战略的最高机构——国家发展和改革委员会（以下简称国家发改委）启动了低碳试点政策，试点范围包括 5 个省和 8 个市。2012 年，国家发改委将低碳试点扩大到 6 个省和 36 个市。2017 年国家发改委宣布了第三批低碳试点，这些努力清楚展示了政府对低碳发展道路的承诺。每个低碳试点省（直辖市）都出台了本省的工作实施方案且明确了环境绩效目标，它们的主要任务都集中在交通、建筑、市政这三个重点领域。

2.3.2　传统环境规制相关研究

现有对传统环境规制的研究主要集中在对企业生产决策行为的影响方面，这些研究的结论都支持了波特假说，即合理严格的环境规制可能会增强而不是降低企业竞争力。典型的如 Xie 等以中国为背景研究了不同类型的环境规制与异质性对绿色全要素生产率的影响，结果表明，基于市场型规制驱动的生产率效应远强于指令控制型驱动的生产率效应，非正式规制的机制要复杂得多。Shen 等研究发现在重污染行业，过高的环境规制强度削弱了这些企业的技术创新。在中度污染的工业中，环境规制的强度中等，指令控制型和基于市场型的环境规制协调得相当好。在轻度污染行业中，基于市场型的环境规制与环境全要素生产率之间存在显著的"n"形特征。Guo 和 Yuan 发现，指令控制型和基于市场型环境规制对工业部门的全要素能源效率均有正向影响，且环境规制与全要素能源效率之间存在非线性关系。当前指令控制型的规制水平超过了最优水平，而市场导向型的规制水平是合理的。此外，从中国的实际出发，以市场为基础的环境监管更有效。Zhang 等发现不同类型的环境规制对建筑行业的绿色技术创新效率的影响不同，但其预期效果只能通过两者的适当组合来实现。此外，环境规制还可以通过影响微观经济主体的决策行为来减少环境污染，He 和 Zhang 发现环境规制对居民绿色支付意愿有显著的正向影响，特别是当居民收入水平、污染水平和政府信任水平较高时。在建筑行业，环境规制对其向绿色发展转变起到的关键作用也得到了检验。

2.3.3　需求端环境规制相关研究

绿色政府采购作为需求端环境规制，被认为是解决环境问题的软手段。它对推动经济可持续发展与清洁生产的贡献已得到广泛认同。首先，绿色政府采购可以促进环境目标的实现。绿色政府采购会加速生产者和消费者对环境标准的了解，进而推动循环经济的发展。其次，绿色政府采购能够促进采购流程自身的创新。当把产品生命周期成本纳入绿色政府采购的采购流程，采购标准的整合力会有较大提升。采购程序的电子化也能促进供应商的可持续实践，从而改善长期环境效益。最后，绿色政府采购也会影响供应商的环境表现。从绿色政府采购实践对供应商生产绩效的研究发现，采购流程中的具体环境标准会促使生产者以更加环保的方式行事。绿色政府采购可以减少供应商供应链中的能源使用和温室气体排放，给企业带来良好的环境绩效。

2.3.4　模糊型环境规制相关研究

低碳试点政策作为模糊型环境规制的代表，为解决城市发展、资源节约和环境保护之间的矛盾提供了可行的思路。近年来，学者们逐渐开始探索低碳试点政策的实施效果。Li 等认为低碳试点政策在建立全面治理体系、实施碳排放统计制度、开展覆盖大部分排放部门的低碳行动、探索新的政策和制度方面都取得了进展。Tang 等发现低碳试点政策可以减少能源密集型产业的土地流转。Fu 等认为该政策有助于立即减少试点地区的碳排放，但提高碳排放效率需要更长的时间，并且该政策对东部地区更有效。Peng 和 Deng 进行案例研究发现低碳试点的经济发展、社会进步和环境质量均有改善。Du 等发现欠发达地区的省级低碳试点其建筑行业碳排放与经济增长存在不显著的脱钩状态，而发达地区则是明显的脱钩状态。此外，低碳试点政策的影响机制也得到了一些学者的关注，近期的部分研究见表 2-1。

表 2-1　一些关于低碳试点政策影响机制的研究

文　献	影　响　机　制
Ming 等	低碳试点政策会给地方政府领导带来低碳压力，这些压力促使他们进行一系列政策创新，从而提升当地的碳排放强度
Liu 等	低碳试点政策通过促进试点地区的产业结构调整和外商直接投资流入实现了全要素生产率的提高
Chen 等	低碳试点政策对全要素生产率的促进作用是通过技术创新以及优化资源配置效率来实现的
Song 等；陈宇和孙枭坤	嵌套示范是低碳试点政策执行的重要途径
Cheng 等	技术进步是低碳试点促进绿色增长的主要途径

2.3.5　环境规制研究评述

通过以上文献综述，本书发现对于环境规制的研究近几年逐渐成为热点，但在建筑行业领域仍然存在一些局限性，以下将进行具体阐述。

首先，以往对于需求端环境规制的研究大多集中在制造业领域，忽略了对建筑行业的关注，这是因为该类型规制早些年的实施重点倾向于采购绿色商品。然而近年来随着政府在绿色市场中的角色更多地向消费者转变，政府采购绿色工程对建筑企业的绿色要求越来越多。需求端环境规制（绿色政府采购）给了追求经济利益的建筑企业主动进行绿色升级的动力。为了追求承揽政府工程的机会，建筑企业们有动力为了迎合政府部门的需求提升自己的绿色建造水平，这可能会影响到整个建筑行业的绿色全要素生产率和碳排放强度。因此，需求端规制对绿色建造的影响值得深入探讨。

其次，以往研究忽略了模糊型环境规制对具体行业尤其建筑行业的影响。以低碳试点政策为代表，以往对于低碳试点政策的研究大多集中在其对城市或省（直辖市）环境表现的影响，较少关注对具体行业的影响。建筑行业作为低碳试点政策的重点关注领域之一，政策的实施过程会对建造活动产生一定的影响。模糊型环境规制具备模糊型政策的特征，当前研究通常从理论出发探索其最主要的一些执行路径并进行定量的实证检验。然而，定量的研究方法对于模糊型环境规制的复杂执行机制的探讨是不够充分全面的，定性研究或许是一个更恰当的方法。此外，模糊型环境规制是否会真正导致建筑行业碳排放强度的降低仍有待检验。

最后，先前对于环境规制有效性的研究不在少数，但大多忽略了一些制度和行业因素的相关影响。中国制定了多样化的可持续发展政策，同一个区域内的政策目标不同便会产生政策冲突。此类冲突性政策的实施对地区的经济、社会和资源环境协调发展产生了重大影响，甚至可影响到地区环境规制的有效性，因此也是需要考虑的因素。此外，在中国的建筑行业中，上榜世界500强榜单的有10家，其中就有9家是国有企业或国有控股，因此在中国的建筑行业中，国有企业的独特市场地位是需要考虑的因素。

2.4　环境规制影响绿色建造的理论机制分析

2.4.1　微观层面

基于制度理论中的合法性理论，传统环境规制将影响项目经理的绿色工程管理行为。传统环境规制直接作用于建筑项目的施工过程：例如，2014年底环境保护部（现为中华人民共和国生态环境部）发布了《环境保护主管部门实施按日连续处罚办法》，其中规定排污者因某些特定行为受到罚款处罚且被责令改正，拒不改正的，环境保护主管部门可以实施按日连续处罚。这一指令控制型环境规制会给不注重环保的工程项目带来巨大的经济损失。例如，环保税政策规定在生产过程中产生的大气污染物、水污染物、固体废物和噪声均需缴纳税款，多排多缴，少排少缴。这一基于市场型环境规制的实施将导致污染较多的工程项目支付更高的成本，导致经济效益的损失。又例如《环境信访办法》规定公民、法人或者其他组织可采用书信、电子邮件、传真、电话、走访等形式，向各级环境保护行政主管部门反映环境保护情况，提出建议、意见或者投诉请求，依法由环境保护行政主管部门处理的活动。这一非正式型环境规制轻则会影响工程项目的工期，重则会导致项目流产。

这些传统环境规制一方面向项目经理传达了政府治理环境污染的决心，另一方面释放出未来的绿色生产是大势所趋的强烈信号，这使项目经理感觉到主动服从制度能够增加工程项目的合法性、资源以及生存能力，并且更容易得到政府的认可，更加符合社会期待，这些都有助于建筑企业的成功与延续，而不仅仅是受到制度的强制性约束。因此，环境规制对项目经理的绿色工程项目管理行为的影响基于制度理论体系中的合法性理论。

本书基于组织变革理论探究传统环境规制对项目经理绿色工程项目管理的影响机制。依据 2.3.5 节的描述，由传统工程项目管理到绿色工程项目管理可以被视为一场组织变革。环境规制的政策制定者可以被视为变革的发起者，而项目经理可以被视为变革的重要执行者。项目经理出于合法性的考虑会认可绿色工程项目管理这一组织变革为组织带来的好处，从而产生支持组织变革思想倾向，即对绿色工程项目管理产生情感变革承诺，最终实践绿色工程项目管理行为。因此，组织变革理论为项目经理的思维到行为的具体转变过程提供了理论支持。

2.4.2　宏观层面

本书基于制度理论中的合法性和趋同化理论，探究传统及需求端环境规制对建筑行业全要素生产率的影响。传统环境规制在微观层面影响项目经理进行绿色工程项目管理，而一个组织场域中有大量的工程项目和项目经理，制度将内化于组织以及在场域中扩散，在趋同化理论中规范制度机制的作用下最终在省级的宏观层面产生建筑行业整体全要素生产率提高结果。需求端环境规制以政府采购为代表，对供应商提出了更高的环保要求。建筑企业想要获得地方政府的项目资源，出于提高合法性的目的有动力朝着更高生产率、更低排放的标准进行技术改进。此外，越来越多的建筑企业有类似的目标，基于趋同化理论中的模仿制度机制，最终将导致宏观层面建筑行业全要素生产率的提高。

本书基于资源基础理论，探究区域政策冲突和行业国有化程度对传统及需求端环境规制有效性的影响。在固定的区域内，执法部门的人力及物力资源是有限的。当出现政策冲突时会导致资源分配的不均衡，这可能会影响环境规制的有效性从而影响到它的实施效果。此外，国有企业由于具备独特的资源禀赋而在市场上具备更强的竞争力以及在政府部门具有更多的特权，比如更具有社会责任感或由于与政府关系密切而更易获得政府合作等，这些特征将会影响传统及需求端环境规制的有效性。因此，基于资源基础理论，区域政策冲突与行业国有化程度对环境规制与建筑行业全要素生产率的关系起到调节作用。

传统和需求端环境规制影响建筑行业碳排放强度的理论机制与全要素生产率类似，即基于制度理论的合法性、趋同化理论。此外，本书还基于动态能力理论，探究了模糊型环境规制的执行机制以及对建筑行业碳排放强度的影响。模糊型环境规制虽未明确具体的政策对象以及实现路径，但仍提供了一个整体的宏观环保目标。以低碳试点政策为例，中央政府提出开展低碳试点的政策目标是降低试点的碳强度，并为其他地区提供可供借鉴的经验。地方政府为了响应中央的号召，纷纷采取具体措施为积极减碳的企业提供资源经济支持。这类政策的实施可以被视为企业外界政策环境的变化，在政策实施区域内的建筑企业们将持续地建立、调适、重组其内外部的各项资源以保持竞争优势，这并非一蹴而就的，而是一个动态的过程。也就是说，模糊型环境规制通过充分激励建筑企业的动态能力，从而实现政策目的，也就是建筑行业碳排放强度的降低。

3 环境规制对绿色工程项目
管理的影响

在第 1 章和第 2 章中，本书明确了三个研究问题，并通过文献综述为接下来的研究奠定了理论基础。本章从微观的项目管理视角对环境规制对绿色建造的影响进行探讨。绿色工程项目管理程度低的问题在发展中国家普遍存在，项目经理是建筑企业委派到施工项目的环境保护第一责任人，因此要克服这个障碍首先要从项目经理着手。2.3.1 节中介绍的环境规制包括五类，分别为指令控制型环境规制、基于市场型环境规制、非正式型环境规制、需求端环境规制和模糊型环境规制。其中前三类统称为传统环境规制，它们直接作用于建筑项目的施工过程，即会对项目经理的思想和行为有一定的影响。综上所述，本章以项目经理作为研究对象，探索传统环境规制与他们绿色工程项目管理行为的关系，以及其中的影响机制。

根据制度理论，项目经理对传统环境规制的感知很大程度上会影响他们的绿色工程项目管理思维和行为。在组织变革领域，情感变革承诺作为一项重要的变革激励因素，作为中介变量对推动变革的实践发挥了重要作用。项目经理的情感变革承诺能否同样在他们的感知传统环境规制和绿色工程项目管理行为之间起到中介效应仍有待探索。此外，项目管理领域非常重要的三个传统目标约束——成本、工期和质量的调节效应也应该被纳入影响机制的研究。上述对影响机制探索得不充分形成了另一个研究缺憾。

针对这些研究缺憾，本章再次回顾本书提出的研究问题一：项目经理的感知传统环境规制与他们的绿色工程项目管理行为有怎样的关系？项目经理的情感变革承诺在上述关系中是否有中介效应？三重传统工程项目管理目标的约束（成本、工期和质量）是否在上述关系中有调节效应？为了回答以上的研究问题，参考舒丽芳、钟喆鸣、李承伟和姚蕾等的研究方式，基于对项目经理的深度访谈建立理论模型并基于以往的研究提出假设，使用来自项目经理的问卷调查数据，运用回归分析方法进行理论模型的检验。本章接下来的安排是理论模型构建、假设建立、数据获得及变量测量与检验、理论模型检验与结果分析、讨论与管理启示以及本章小结。

3.1　理论模型构建

3.1.1　模型构建方法

社会学家 Glaser 及 Strauss 于 1967 年首次提出扎根理论（Ground Theory）这一探索性研究技术，此种研究方法是一种实用性研究方法，是解释"真实情境中的社会行动者对意义建构和对概念运用"的过程。扎根理论主张聚焦于实际情境下的日常发生的事件，以及现实中正在发生的事情，并能够真实地反映出社会情境下行为的本质。这种研究方法能够探究人们有限或尚未了解的特定领域，或通过观察特定现实情境下群体的认知、行为及互动过程构建真实环境，并根据已有知识构建新的诠释理论。

本书选用扎根理论研究方法作为研究模型构建方法，通过开放编码、主轴编码、选择性编码分析对在建工程项目项目经理的深入访谈文本数据进行编码分析，通过理论饱和度检验以确保达到理论饱和，并构建项目经理感知传统环境规制对其绿色工程项目管理行为的影响机制理论模型。选择扎根理论研究方法构建研究模型基于对本书问题特征的充分思考。基于制度理论且通过文献回顾发现环境规制会影响项目经理的绿色管理行为，但是关于其中的影响机制方面的研究还不充分。因此，本书应用扎根理论的方法进行理论模型构建是适当的。

3.1.2　数据收集

3.1.2.1　资料数据来源

研究的质量和可信性是从数据开始的。数据除了要具有发展核心范畴的有用性之外，还有两个标准，分别是描述经验事件的确切性和充分性。一些扎根理论学者反对关注数据的数量，认为对有限数据的小型研究也是合理的。他们认为小样本和有限数据并不会带来什么问题，因为扎根理论方法的目的就在于形成概念范畴，然后把数据收集指向解释范畴的属性以及范畴之间的关系。经典扎根理论强调对行动和过程的分析。当通过数据收集来形成生成性分析时，要同时进行数据收集和分析，扎根理论的方法有助于始终重视对行动和过程的分析。

在本书的研究过程中，主要通过在建工程项目的项目经理进行相关文献检索、相关新闻报道、深入访谈这三个途径来收集所需的研究资料。

首先，在"中国知网""谷歌学术"等学术论文检索网站以"环境规制""环境法规""项目经理""绿色工程项目管理""绿色管理""绿色施工"等为搜索关键词进行文献检索。通过对检索到的相关文献进行梳理，初步形成对项目经理感知环境规制与绿色工程管理行为之间关系的初步理论认知。

其次，针对各种媒体关于绿色工程项目管理的文字报道和视频访谈进行了信息的收集和分析，形成对该问题的感性认识。

最后，利用作者的社会网络，对一些在建工程项目的项目经理（包括项目副经理）进行半结构化访谈。

3.1.2.2 样本选择与数据收集

扎根理论主要采用理论性取样的方式进行取样，具体来讲就是为提出某一概念或构建某一理论所进行的有目的的选取样本。扎根理论研究方法中所使用的样本与其他方法的样本并不一样，这种方法抽取的目标样本并不是具有统计意义的代表性群体，反而是与研究目的紧密相关并能够反映出某一特定现象的典型代表性的群体。因此，本书选择在不同城市的建工程项目中的项目经理和项目副经理作为访谈对象。

在实施访谈之前，首先有针对性提出"项目管理工作中在环境保护方面有哪些工作""环境规制起到的作用""受到哪些阻碍"等问题在研究团队内进行了充分的交流、预演和完善。为了确定访谈提纲，率先对北京大兴国际机场北线高速廊坊段施工项目项目副经理进行了预测试。在对提纲中个别比较特殊的措辞、解释、语法等做出修改之后，形成最终的访谈提纲。访谈提纲内容如下。

（1）您在过往的项目管理工作中在环境保护方面做了什么？

1）采用环保的施工技术。

2）提高施工机械的使用效率。

3）妥善处理施工垃圾。

4）施工现场采取降尘措施。

5）还有没有其他行为可以降低施工过程中对环境的破坏？

（2）是什么促使您在项目中实施绿色工程项目管理？

1）应对政府的环保检查。

2）少缴纳环境保护税。

3）怕被居民投诉。

4）还有没有其他原因？

（3）您在绿色工程项目管理行为时遇到了什么困难？

1）受到工程成本的约束。

2）受到项目工期的约束。

3）受到工程质量的约束。

4）还有没有其他困难？

（4）以上约束如何影响到您的绿色工程项目管理观点和实践？

1）成本约束为什么会阻碍您进行绿色工程项目管理？

2）工期约束为什么会阻碍您进行绿色工程项目管理？

3）质量约束为什么会阻碍您进行绿色工程项目管理？

所有访谈工作前后经历了 3 个月时间，直到从访谈中采集的数据达到理论饱和。在最后两次访谈中基本上没有获取新的信息，表明数据已经达到了足够的饱和度。最终我们总计访谈了 8 个工程项目的 8 位对象，笔者随机选择了 6 份访谈记录进行范畴构建（项目经理 3 位，项目副经理 3 位），另外两份访谈记录则留作饱和度检验，样本量和选取原则符合质性研究的基本要求。

所有参与访谈的项目经理都是事先通知他们大致的访谈方向，当具体会面之后我们会提交一份纸质版访谈提纲并征得他们的同意。大部分访谈都是在项目部办公室内进行的。访谈时间一般在 0.5 ~ 1 h。访谈过程中，征得了受访者的同意，采用书面记录的方式记录访谈的全过程。所有 8 名受访人员基本情况见表 3-1。

表 3-1　受访人员基本情况

序号	工程项目名称	受访者职位	访 谈 时 间
1	北京大兴国际机场北线高速廊坊段	项目经理	2019/08/31 20:10 ~ 20:55
2	西安梁家滩国际学校建安工程	项目经理	2019/09/15 09:47 ~ 10:12
3	中铁一院幼儿园小区棚户区改造项目	项目经理	2019/09/15 17:15 ~ 17:42
4	郑西客专线西安北站房工程	项目副经理	2019/09/24 21:30 ~ 22:00
5	西宝客运专线铁路宝鸡南站站房	项目副经理	2019/09/24 16:00 ~ 16:30
6	西宝客运专线铁路杨凌站站房	项目副经理	2019/11/04 20:30 ~ 21:00
7	中铁第一勘察设计院集团有限公司兰州商贸大世界功能恢复性改造项目	项目副经理	2019/11/05 13:00 ~ 14:00
8	西安市高陵区崇皇镇金鹿尚居二标段	项目经理	2019/11/07 8:30 ~ 9:00

3.1.3　范畴提炼

3.1.3.1　开放编码

开放编码是对原始数据加工的第一步，开放式分析采访中收集到的原始质性数据并实现采访数据的概念化。具体来讲，编码时首先将原始数据打散，通过逐字逐句分析、赋予初始概念，然后将初始概念进行聚拢分析并实现概念范畴化，并且在编码过程中要暂时放弃自身持有的不同观点以及学术界的已有观点。本书使用 Nvivo12 软件对 6 位受访者的深入访谈文本资料进行编码。首先，从原始访谈记录文本中抽取 200 余条原始语句，并根据原始语句表达的核心内容形成初始概念；然后，在进行概念范畴化时，对各概念间的异同性进行比较，剔除重复频次小于三次和个别前后矛盾的初始概念，仅保留出现频次在三次及以上和具有良好一致性的初始概念，共计 26 个（A1 ~ A26）；最后，依据初始概念的内容一致性，合并内容相似的初始概念，进而归纳出 12 个范畴（B1 ~ B12），具体见表 3-2。

表3-2 开放编码形成的初始概念及范畴

序号	原始语句示例	初始概念	范　畴
A1	……北京地区对施工的环保要求还是相当高……	环保要求	B1 环境规制严格程度
A2	……这两年环保抓得越来越严了，经常来查……	检查频率	
A3	……动不动就让停工，损失很大……	污染停工	B2 环境处罚力度
A4	……被抓到了罚款还是重……	环保罚款	
A5	……主要负责人都是终身责任制……	责任落实到个人	
A6	……环保好了企业声誉也会好……	绿色管理对企业的好处	B3 认可绿色管理的价值
A7	……个人负责的项目环保搞好了履历也好看……	绿色管理对个人的好处	
A8	……现在的大趋势就是改革，被时代推着走，老一套是行不通的……	绿色变革是大势所趋	B4 支持绿色变革
A9	……年轻人还是比较好接受管理方式的转变……	接受绿色管理变革	
A10	……施工机械不空转……	节约能源	B5 多方面节约
A11	……养护混凝土用再生水……	节约用水	
A12	……耗材尽量用可以重复利用的材料……	节约材料	
A13	……给工人做好培训，提前预防污染……	污染预防	B6 积极污染防治
A14	……产生污染了就及时处理……	污染治理	
A15	……采用噪声比较小的施工机械……	降低干扰	
A16	……好多施工单位都是赔本中标……	预算有限	B7 降低成本压力
A17	……员工还等着项目完了发奖金……	项目奖金需求	B8 提高利润压力
A18	……公司也要靠项目赚钱的……	提高利润需求	
A19	……提前竣工是有奖励的……	提前竣工激励	B9 压缩工期压力
A20	……忙的时候这个项目还没完，下个项目就给我安排好了……	项目时间衔接紧密	
A21	……多在工地上耗一天就会多增加成本……	延期增加成本	B10 按期完成压力
A22	……按期完不成要面临违约赔偿的……	面临违约风险	
A23	……虽然质量没问题，但是验收不通过你也没办法……	质量验收有风险	B11 质量验收压力
A24	……有时候一些新材料新工艺是很先进环保，但是对应的验收规则还不完善……	验收规则不完善	

序号	原始语句示例	初始概念	范　畴
A25	……甲方可能担心会有风险，毕竟后面运营期出了问题甲方要负责……	甲方规避风险	B12 甲方认可压力
A26	……甲方没见过的东西他不懂，就容易有意见……	甲方质疑质量	

3.1.3.2　主轴编码

主轴编码是基于开放编码结果的基础上，对数据实现进一步的编码分析，其主要目的在于对范畴实现主副范畴的分层并发现各范畴间潜在的逻辑联系。本书对各范畴间的质性和层次以及各层次的相互关系和可能存在的逻辑关系进行分析，最终形成 6 个主范畴。其中，主范畴包括感知传统环境规制、情感变革承诺、绿色工程项目管理行为、成本约束、工期约束以及质量约束。各主范畴代表的内涵及其对应范畴见表 3-3。

表 3-3　主轴编码形成的主范畴与对应范畴

主　范　畴	对应范畴	范　畴　内　涵
感知传统环境规制	B1 环境规制严格程度	项目经理对传统环境规制的严格程度及处罚力度的感知
	B2 环境处罚力度	
情感变革承诺	B3 认可绿色管理的价值	项目经理基于绿色工程项目管理的好处，改变原有传统工程项目管理思维而支持绿色工程项目管理的倾向
	B4 支持绿色变革	
绿色工程项目管理行为	B5 多方面节约	项目经理的绿色工程管理行为，包括在项目施工组织设计中采用环保的施工方法和施工机械，在施工管理中践行四节一环保的原则等
	B6 积极污染防治	
成本约束	B7 降低成本压力	项目经理在管理时面临的项目资金压力
	B8 提高利润压力	
工期约束	B9 压缩工期压力	项目经理在管理时面临的项目工期压力
	B10 按期完成压力	
质量约束	B11 质量验收压力	项目经理在管理时面临的工程质量压力
	B12 甲方认可压力	

3.1.3.3　选择性编码

选择性编码在主轴编码的基础上对编码内容实现进一步的整合，处理范畴与范畴之间的关系。基于访谈，可以整理出项目经理的感知环境规制对他们的绿色工程项目管理行为影响机制的故事线。

第一，感知环境规制对绿色工程项目管理行为的影响既有直接影响又有间接影响。通过访谈可以发现，受访者对不同类别的环境规制的感知并未作明显的区分，无论是指令控制型规制、基于市场型规制还是非正式型规制，受访者更倾向于将它们理解为一种综合的环保压力。在访谈中具体内容如"……其实这个和第一个地方的政策严不严有关，严的话各样都严，不严的话各样都要松一些……""……这些环保法规有时候不是单独产生作用的，比如说居民投诉了，很可能环保部门就会来查，就会对项目进行处罚……"。感知环境规制对绿色工程项目管理行为的直接影响在访谈中的具体内容例如"……毫无疑问，管得越严的地区工地的环保做得越好……""……我们也不想经常被居民举报，影响不好……""……现在的政策就是拿钱买污染，污染的越多，交的钱越多……"。

第二，项目经理的情感变革承诺起到中介作用。通过访谈可以发现，项目经理由传统工程项目管理到绿色工程项目管理的转变是经历了思想转变到行为转变的过程，且思想转变是基于充分了解绿色管理带来的好处，这与组织变革研究领域的观点相契合，即情感变革承诺作为中介变量。在访谈中具体体现如"……环保检查这么严格，我肯定也想把这个环保搞好啊，这对企业和个人都有好处……""……无论是居民投诉也好，环保抽查罚款也好，这会影响我工作时候的想法……""……政府想搞好环保的决心我能感受到，我支持绿色管理，从长期来看，无论对公司、对个人还是对整个社会都是好事情……""……改变管理方式不是一朝一夕的，是从思想到行为的一个整体的转变……"。

第三，成本约束在感知传统环境规制与情感变革承诺的关系中起负向调节作用。通过访谈可以发现，成本约束对项目经理的影响主要体现在对他们思想转变的阻碍，即对感知传统环境规制与情感变革承诺的关系中起负向调节作用。在访谈中具体体现如"……虽然说绿色管理是个好事，但是甲方就只给那么多钱，绿色管理肯定要多花钱，项目赚钱少，我们奖金就会有损失，关系到切身利益的时候就没心思考虑环保的事了……""……成本是最大的问题，环保满足最低要求就行了，不敢有过高的追求……"。

第四，工期约束和质量约束在情感变革承诺与绿色工程项目管理行为的关系中起负向调节作用。通过访谈可以发现，工期约束和质量约束对项目经理的影响主要体现在对他们行为转变的阻碍，即对情感变革承诺与绿色工程项目管理行为的关系中起负向调节作用。在访谈中具体体现如"……我个人而言还是很愿意把项目的环保搞好，但是有时候搞绿色环保浪费时间，工期压力很大，不得不放弃……""……大家都想为国家的环保做贡献，但是现实不允许，甲方担心不按传统的工法来会有质量问题，我们最重要的还是要让甲方满意……"。

以此为基础，本书概括出范畴的典型关系结构如下：

（1）感知环境规制对绿色工程项目管理行为有直接影响；

（2）情感变革承诺起到中介作用；

（3）成本约束在感知传统环境规制与情感变革承诺的关系中起负向调节作用；

（4）工期约束和质量约束在情感变革承诺与绿色工程项目管理行为的关系中起负向调节作用。

3.1.3.4 理论饱和度检验

当增添新的信息编码不再产生新的或者超越原先的理论见解的时候，也就是不能对核心主范畴产生新的冲击之际，主范畴就饱和了。James 等认为扎根理论饱和与看到同样的事件或者故事重复出现是不一样的，尽管很多质性研究者混淆了饱和与被描述事件、行动或陈述的重复。Glaser 对此有着更为复杂的见解，理论饱和不是一味重复同样的模式，而是涉及一个"概念密度"的问题。当对某一事件进行概念化之后，概念密度构成了具有理论完整性的扎根理论的主要内涵，再也没有新的范畴出现。本书将剩余的两份访谈记录进行理论饱和度检验，检验的结果验证了目前主范畴的概念密度达到饱和，没有出现新的主范畴，也没有发现其他新的重要关联补充，已经达到了理论饱和程度。

3.1.4 理论模型构建

依选择性编码构建的"故事线"，本书构建出一个项目经理感知传统环境规制对绿色工程项目管理行为的影响机制理论模型，如图 3-1 所示。图中的关系假设在下一节中进行了具体阐述。

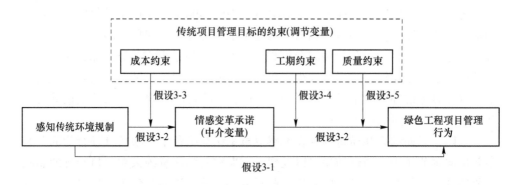

图 3-1   本章的理论模型

3.2 假设建立

3.2.1 传统环境规制与绿色工程项目管理

在建筑行业，指令控制型规制在环境规制中占主导地位。政府设立的监管部门会对超过排放标准的建设项目进行处罚，通常包括限期整改、罚款、查封或扣押相关材料、机械设备，停业整顿，降低资质等级或吊销资质证书等。因此，违反此类规制可能给建筑企业带来损失甚至违约的风险。此外，目前中国建立了完善的建筑市场信用体系，建筑企业因为环境问题受到政府处罚的相关信息会被当作"不良行为记录"公示在相关网站上6个月至3年。这不但会严重影响建筑企业的信誉，而且对未来建筑企业承揽工程造成不良影响，尤其是对企业信誉有严格要求的政府采购工程①。综上所述，规制相关的政府处罚和贸易壁垒会对项目经理施加强制性压力。为了避免遭受处罚以及维护建筑企业的信誉，项目经理对指令控制型规制的感知可以迫使他们实施绿色工程项目管理。

对于基于市场型规制，由于碳交易政策目前在中国只在几个试点省（直辖市）实施，因此，目前此类规制更普遍的是以环保税的形式体现。建筑企业需要根据施工过程中产生的大气污染物、水污染物、固体废物和噪声的排放量来缴纳环保税。因此，项目经理的感知市场型规制会使他们感受到税收压力，而绿色工程项目管理作为减少这一灵活支出的途径就会成为他们的选择。

非正式环境规制在部分发达国家已经较为成熟，甚至可以干预到地方政府的决策。近年来，中国政府也赋予了关注环保的个人或团体越来越大的权力。有时候施工项目采取"绿洗行为"可以瞒过政府设立的监管部门的抽查，却躲不过能够实时观察到建筑工地的居民的眼睛。即便中国的环保组织还不成熟，居民的投诉也在一定程度上可以迫使施工项目采取环保措施甚至导致其受到停工处罚。因此，为了降低出现这些情况的风险，项目经理在非正式规制的压力下更愿意进行绿色工程项目管理行为。

综上所述，传统环境规制关乎项目是否能够顺利进行，甚至影响建筑企业的形象和信誉。根据制度理论，企业或组织会为获得更高的合法性而遵守规则。项目经理作为项目节能与环境保护第一责任人，在传统环境规制的压力下，他们有责任进行绿色工程项目管理行为来减少建设项目的污染排放。此外，作为建筑企业委派到项目上的最高管理者，他们也有能力通过绿色工程项目管理行为来避免项目遭受违反传统环境规制带来的不良后果。因此，项目经理的感知传统环境规制越强，越能够促使他们进行绿色工程项目管理行为。据此提出以下假设。

假设3-1：项目经理的感知传统环境规制与其绿色工程项目管理行为正相关。

3.2.2 情感变革承诺的中介效应

根据组织变革领域的相关研究，变革承诺是个体支持变革的最重要因素。其中思维导向的情感变革承诺对个体的"组织相关行为"有最大的影响。情感变

---

① 数据来源：莱西市水集街道办事处水集工业园电力线路工程竞争性磋商公告，中国政府采购网。

革承诺被定义为个体基于对其固有利益的信念而支持组织变革的思维倾向。项目经理对绿色工程项目管理的情感承诺意味着他们基于绿色工程项目管理为组织带来的好处，改变原有传统工程项目管理思维而支持绿色工程项目管理的倾向。综上所述，组织变革理论可以为项目经理由传统工程项目管理向绿色工程项目管理转变的过程提供理论支持，且项目经理的情感变革承诺作为思维变革是进行绿色工程项目管理行为变革的重要前提。

从组织变革的角度来看，项目经理的感知传统环境规制还能够通过提升情感变革承诺，进而增强进行绿色工程项目管理行为的动力。对变革有情感承诺的人相信变革的价值，认为变革服务于组织的一个重要目的，并将变革视为一种有效的战略。基于这一理论，对于项目经理的感知传统环境规制与他们对绿色工程项目管理的情感变革承诺之间的关系，本书从以下两个方面进行阐述。

一方面，当将建筑项目视为一个组织时，与政府部门维持良好的关系是组织的重要目标之一，感知传统环境规制可以增强项目经理对绿色工程项目管理服务于这一目的的价值的信念，因而从思想上倾向于项目管理的绿色变革。为了在办理一些政府审批手续时更顺利，甚至增加容易获得接触到政府采购项目的机会，项目经理通常希望与政府部门保持良好的关系。环保检查是为数不多的项目经理与政府部门交流的机会之一，实施绿色工程项目管理的建设项目会给政府部门留下较好的印象。项目经理的感知传统环境规制的能力越强意味着当地政府对环保工作越重视，他们越能意识到绿色工程项目管理在博得政府好感方面的有效性，因而对其表现出更强的情感承诺。

另一方面，当将建筑行业绿化运作体系视为一个组织时，改善由施工过程带来的环境问题是组织的重要目的，感知传统环境规制可以增强项目经理对绿色工程项目管理的绿色价值的信念，因而支持项目管理的绿色变革。以往研究表明，项目经理通常具有一定程度的环保意识，然而却缺乏通过自己的职权能力来改善环境的信心。传统环境规制是政府主导的环境工具，感知传统环境规制会使项目经理意识到在项目管理中采取措施降低污染对环保的有效性是受到政府认可的，这会增强他们对绿色工程项目管理的情感承诺。

项目经理的情感变革承诺越高，表示他们在思想上越倾向于支持绿色工程项目管理，因此也越愿意改变传统的项目管理行为而实施绿色工程项目管理。情感变革承诺作为变革实践的前因变量得到了许多学者的支持。Cunningham 认为对变革有高度情感承诺的人能够成功地应对正在发生的组织变革。Shum 等发现情感变革承诺是成功实施消费者关系管理的关键。Grandia 发现了情感变革承诺对可持续政府采购行为的促进作用。同理，项目经理的情感变革承诺也会促使他们在项目管理工作中进行绿色工程项目管理行为。

根据上文的讨论，本书认为项目经理的感知传统环境规制的能力可以通过提高他们的情感变革承诺而进一步促进其绿色工程项目管理行为。与此同时，情感变革承诺的中介效应在多个领域的研究中得到了验证。Michaelis 发现魅力型领导与对高管的信任与员工的创新行为的关系受到情感变革承诺的中介效应的影响。Grandia 等发现了情感变革承诺在一些激励因素和绿色政府采购行为之间起中介效应。Ouedraogo 和 Ouakouak 认为个人信任、交流会通过情感变革承诺影响变革的成功。由此看来，将情感变革承诺作为中介变量是合理的。综上所述，本书认为项目经理感知传统环境规制与绿色工程项目管理之间的关系也同样受到情感变革承诺的中介。据此提出以下假设。

假设 3-2：项目经理的情感变革承诺中介了其感知传统环境规制与绿色工程项目管理行为的相关关系。

3.2.3 三重约束的调节效应

如 3.2.2 节所述，为研究传统环境规制对项目经理绿色工程项目管理行为的影响，本书应用了受到广泛运用的组织变革理论作为理论框架。受目前主流的项目管理标准的影响，项目经理做决策时几乎都会基于成本、工期和质量的"三重约束"标准。Gangolells 等认为建设项目绿色工程项目管理涉及部署额外资源而不产生实际利益，因而项目成本的约束可能会妨碍绿色工程项目管理行为。Silvius 等发现项目经理在考虑可持续性时受到"三重约束"的影响，其中质量约束的影响最大。He 等认为项目的工期目标与能源消耗目标可能存在冲突。综上所述，本书有理由认为项目经理感受到的成本、工期和质量约束可能在他们的思维和行为向绿色工程项目管理变革的过程起到调节效应。在一些被充分研究的领域中，调节变量对模型的影响机理是明确的。然而，如上所述，在项目经理的感知传统环境规制通过情感变革承诺影响绿色工程项目管理行为的过程中，这三个调节变量分别在哪个过程起到调节作用，且调节方向为何仍然模棱两可。为此，本书在 3.2 节通过对项目经理进行半结构化访谈来帮助厘清了这些问题，并建立了如图 3-1 所示的理论模型。接下来，将基于理论模型且结合文献研究，对三重约束的调节效应提出假设。

3.2.3.1 成本约束的调节效应

建设项目的成本目标虽然在项目开工前就已经确定，但通常有一定的灵活空间，由项目经理在合理的范围内自由支配。当这一灵活空间较大的时候，就意味着成本约束较弱，反之则成本约束较强。通过访谈得知，项目的成本约束主要影响项目经理的思维变革，即感知传统环境规制对情感变革承诺的提升作用会受成本约束的限制，原因主要是以下两个方面。

一方面，感知传统环境规制对情感变革承诺促进作用会由于项目经理对节支的考虑而减弱。绿色工程项目管理除了要求在管理方式上更加环保之外，有时候也需要购置一些辅助的材料或设备，如污水净化设备、扬尘防护网等，这不可避免地会增加施工成本。因此，在较强的成本约束下进行绿色工程项目管理可能会导致项目超支。目前的建设项目绩效评价标准中，成本绩效的优先级仍然是高于环境绩效。因此，如果项目经理在感知传统环境规制较强的同时感受较强的成本压力，则他们有可能会出于对节支的考虑而弱化对绿色工程项目管理的情感承诺。

另一方面，出于对项目奖金的考虑，项目经理的感知传统环境规制对情感变革承诺的促进作用会减弱。受访谈的项目经理表示，项目奖金占他们收入的较大比例（通常超过 50%），且奖金数额与项目利润成正比。成本约束较强的情况下，实施绿色工程项目管理可能会导致项目的利润降低，进而导致项目经理的奖金减少。因此即便项目经理感受到来自环境规制的压力，出于对自身奖金收入的考虑，也会对绿色工程项目管理的情感承诺偏向保守。综合以上两个方面，项目经理感受到的成本约束较强时，感知传统环境规制对情感变革承诺的促进作用会减弱，据此提出以下假设。

假设 3-3：工程项目的成本约束负向调节了项目经理的感知传统环境规制与其情感变革承诺的相关关系。

3.2.3.2　工期约束的调节效应

建设项目在开工前一般都预设了工期目标，项目经理感受到的工期越充裕，则工期约束越弱，反之，则工期约束越强。当项目的工期约束较强时，项目经理的情感变革承诺对绿色工程项目管理行为的促进作用会减弱，这是由于绿色工程项目管理行为相对于传统工程项目管理需要更长的工期导致的。绿色管理作为一项变革也是一种创新，项目经理缺乏绿色工程项目管理知识和技巧及施工人员对减排规则或节能设备的不熟悉可能会导致绿色工程项目管理花费更多的时间。此外，工期不只关乎项目绩效，也关乎施工合同违约。因此，即便项目经理对绿色工程项目管理的情感承诺较高，在工期约束的压力下，也较难将绿色工程项目管理付诸实践，以上观点也得到了受访者的支持。据此提出以下假设。

假设 3-4：工程项目的工期约束负向调节了项目经理的情感变革承诺与其绿色工程项目管理行为的相关关系。

3.2.3.3　质量约束的调节效应

建设项目的业主和建筑企业在施工合同中对项目应达到的质量做了详细的约定。部分业主对项目的质量要求较低，即达到国家强制性质量标准即可，然而也有些业主对项目的质量要求较高，甚至远超国家强制性标准，这种情形下项目经理会感受到较强的质量约束。受访者们普遍认为，当项目的质量约束较强时，项目经理的情感变革承诺对绿色工程项目管理行为的促进作用会减弱。这是由于绿色工程项目管理行为带来的项目质量的不确定性导致的。绿色工程项目管理相对而言是一种新的尝试,可能会采取一些先进的施工方法或新型材料。新的事物往往伴随更高的风险,这些先进的施工方法和新材料可能会提高项目的质量风险。质量约束较强的情况下,即便项目经理思维层面很倾向于绿色工程项目管理,也不得不先保证质量要求而对绿色工程项目管理行为更加谨慎。据此提出以下假设。

假设 3-5:工程项目的质量约束负向调节了项目经理的情感变革承诺与其绿色工程项目管理行为的相关关系。

3.3 数据获得及变量测量与检验

3.3.1 数据收集

本书通过对项目经理进行问卷调查获得用于检验研究模型的数据。本书的抽样和数据收集过程参考 Yuan 等的研究,所采用的每个变量的测量题项均来自先前的研究,以确保测量量表内容的有效性。同时,本书针对中国背景与研究问题进行了适应性的改编。

调查时间是 2021 年 4 月,研究区域选择在中国四川省与重庆市,抽样方法是方便抽样法。这些项目经理均在在建项目中工作,并至少拥有 1 年的项目管理经验。为了降低社会赞许偏误,问卷保证了严格的匿名性,仅要求受访者提供部分背景信息(性别、年龄、项目经理担任时间等)。受访者被要求圈出最能描述他们对陈述的认同程度的回答。问卷发放数量共 215 份,共收回 139 份问卷,回复率为 64.7%。本书对收回的问卷进行筛选,剔除回答不认真的问卷以保证响应结果的质量。最后得到 129 份有效问卷。由于本书的调查对象为项目经理,目标群体较小,问卷获取难度较大,因此问卷数量较少,但仍满足 5 倍于题项数量的最低样本量要求。

3.3.2 变量测量

本书的因变量为项目经理的绿色工程项目管理行为($GEPMB$),它使用 5 个题项来进行测量,题项内容根据 Silvius 等,Yuan 等,Silvius 和 Schipper 的研究改编。本书的核心自变量为项目经理的感知传统环境规制($PTER$),它使用 3 个题项来进行测量,题项内容根据 Testa 等改编。本书的中介变量为项目经理对绿色工程项目管理的情感变革承诺(ACC),它使用 6 个题项来进行测量,题项内容根据 Herscovitch 和 Meyer,Voet 等的研究改编。本书的第一个调节变量为项目经理对项目的感知成本约束(PCC),第二个调节变量为项目经理对项目的感知工期约束(PSC),第三个调节变量为项目经理对项目的感知质量约束(PQC),

它们分别使用 1 个题项来进行测量，题项内容根据 Silvius 等的研究改编。

　　本书从正在进行的建筑项目中邀请 10 名具备 3 年以上项目管理经验的项目经理进行面谈，并对这些测量进行了预测试，面谈和预测试均在建筑工地进行。访谈者首先告知他们研究目的、调查程序和对题项的解释，以确保他们理解本书的主要内容。然后要求他们描述对问卷中描述的现象或做法的同意或不同意程度。问卷中的所有题项都采用李克特五级量表（从 1 ~ 5）来进行测量，集合的范围从强烈不同意到强烈同意。项目经理们的反馈表明该问卷能较好地反映中国目前项目管理的实际情况。然而，他们还建议针对一些题项的措辞需要改进，以使本书的问卷更加易读和易懂、并符合中国背景。在对问卷进行修改后，邀请了2 位管理学教授和 3 位管理学博士生对问卷的内容效度进行了分析，他们均认为该问卷的内容效度较高。在经过以上步骤后编制好了最终的问卷，见表 3-4。各变量的描述性统计分析见表 3-5。

表 3-4　主要变量的具体题项

变　量	题　　项
自变量： 感知传统环境规制（PTER）	（1）建筑污染物排放指标对项目的建设活动有重大影响； （2）排污费/环境保护税对项目的建设活动有重大影响； （3）居民投诉对项目建设活动有重大影响
因变量： 绿色工程项目管理行为 （GEPMB）	（4）我在项目管理中非常重视节能； （5）我在项目管理中非常重视污染物排放的控制（水污染、大气污染、固体废物污染、噪声污染）； （6）我在项目管理中非常重视浪费的控制； （7）我在项目管理中非常重视材料的回收利用； （8）我在项目管理中非常重视对生态的影响
中介变量： 情感变革承诺（ACC）	（9）我相信绿色工程项目管理的价值； （10）绿色工程项目管理对项目以及全社会都是一个好的策略； （11）环境保护部门推广绿色工程项目管理是一项错误的决策； （12）绿色工程项目管理服务于一项重要的目标； （13）如果不实施绿色工程项目管理会更好； （14）绿色工程项目管理是没必要的
调节变量 1： 感知成本约束（PCC）	（15）成本约束对项目的建设活动有重大影响
调节变量 2： 感知工期约束（PSC）	（16）工期约束对项目的建设活动有重大影响
调节变量 3： 感知质量约束（PQC）	（17）质量约束对项目的施工活动有重大影响

表 3-5 传统环境规制对绿色工程项目管理影响机制研究变量的描述性统计分析

变量	数量	最大值	最小值	平均值	标准差
PTER	129	5.00	1.00	2.9922	0.81911
ACC	129	5.00	1.00	3.0969	0.90252
GEPMB	129	5.00	1.00	3.3783	1.08836
PCC	129	5.00	1.00	3.2171	1.06772
PSC	129	5.00	1.00	3.4574	0.96021
PQC	129	5.00	1.00	2.8992	0.98302

3.3.3 信度效度检验

接下来，本书对问卷的信度效度进行分析，相关分析流程参考 Liu 等的研究，使用验证性因子分析（CFA）计算各变量题项的因子载荷，检验结果呈现在表 3-6 中。

表 3-6 验证性因子分析及信度效度检验

变量	标准化因子荷载	t	Cronbach's α	CR	AVE
PTER			0.821	0.823	0.609
PTER1	0.729	fixed			
PTER2	0.738	7.62***			
PTER3	0.867	7.81***			
ACC			0.909	0.912	0.636
ACC1	0.712	fixed			
ACC2	0.659	7.25			
ACC3	0.880	9.70			
ACC4	0.855	9.27			
ACC5	0.790	8.46			
ACC6	0.864	9.16			
GEPMB			0.894	0.898	0.642
GEPMB1	0.716	fixed			
GEPMB2	0.801	8.84			
GEPMB3	0.911	9.86			
GEPMB4	0.844	9.24			
GEPMB5	0.715	7.73			

续表 3-6

变量	标准化因子荷载	t	Cronbach's α	CR	AVE
PCC	1.00	fixed	—	—	—
PSC	1.00	fixed	—	—	—
PQC	1.00	fixed	—	—	—

注：*** 为在 1% 的水平下显著。模型拟合度：$Chi^2 = 146$，$df = 107$，$Chi^2/df = 1.36$，$CFI = 0.965$，$TLI = 0.956$，$RMSEA = 0.0531$。

首先，检测各变量的科隆巴赫阿尔法（Cronbach's α）值与组成信度（CR），以检查各变量信度。通过表 3-6 可以看出，各变量 Cronbach's α 与 CR 均超过了 0.7，这说明本书的变量具有较高信度。其次，计算平均方差萃取值（AVE）。通过表 3-5 可以看出，各变量 AVE 均超过了 0.5，这说明本书的变量具有较高聚合效度。

再次，检测各变量间的相关系数与 AVE 的平方根。通过表 3-7 可以看出，所有相关系数均没有超过最小的 AVE 的平方根，这说明本书的变量具有较高的区分效度。最后，本书的测量模型的拟合指标较好，表明测量模型与数据吻合较好（$Chi^2 = 146$，$df = 107$，$Chi^2/df = 1.36$，$CFI = 0.965$，$TLI = 0.956$，$RMSEA = 0.0531$，90% CI 为 [0.029，0.074]）。通过以上检验表明，本书中的变量的效度与信度都符合进一步分析的要求。

表 3-7　相关性分析

变量	PTER	ACC	GEPMB	PCC	PSC	PQC
PTER	**0.780**					
ACC	0.268 ***	**0.797**				
GEPMB	0.358 ***	0.475 ***	**0.801**			
PCC	− 0.159	− 0.233 ***	− 0.302 ***	—		
PSC	− 0.197 **	− 0.086	− 0.219 **	0.177 **	—	
PQC	− 0.221 **	− 0.049	− 0.120	0.192 **	0.289 ***	—

注：**、*** 分别为在 5%、1% 的水平下显著。对角线上的值是平均方差萃取值（AVE）的平方根。

3.3.4　共同方法偏差检验

由于本书使用问卷方法进行数据得到收集，不可避免地受到共同方法偏差的影响。本书使用两种方法对共同方法偏差进行探测。其一，使用哈曼单因子（Harman's one factor）方法，使用基于主成分分析（PCA）的探索性因子分析（EFA），未旋转的第一个因子的解释量是 37.17%，低于阈值 40%。其二，使用单因子方法，即将所有题项加在同一个维度上后，模型拟合指标显著变差，此时 CFA 模型拟合指标为：$Chi^2 = 569$，$df = 119$，$Chi^2/df = 4.782$，$CFI = 0.600$，$TLI = 0.543$，$RMSEA = 0.171$。综上，共同方法偏差在本书中不是一个严重问题。

对于控制变量问题，参考项目管理领域的相关论文，本书使用项目经理的经验（EXP）作为控制变量。本书将受访者的年龄与担任项目经理的时间两个变量通过基于主成分分析的探索性因子分析合成为一个因子，因子得分即为控制变量。经过分析后，第一个因子的初始特征值为 1.61，解释了 80.44% 的方差。EXP 的最大值为 2.79，最小值为 – 1.39，均值为 0，标准差为 1。

3.4 理论模型检验与结果分析

本书使用线性回归来检验假设。SPSS 23 软件与 PROCESS macro 软件被用来进行数据分析。检验的程序包括直接效应分析，中介效应分析，调节效应分析。具体的检验步骤与方法参考 Hayes 的研究。在本书中，参考 Liu 等的研究，回归系数的估计使用普通最小二乘法（OLS），若系数在 10% 或更低水平显著，则系数显著。同时，为了更好地检验中介效应与调节效应，本书使用 5000 次重复取样的自助抽样（Bootstrap）分析方法，置信区间水平设定为 90%，取样方法采用偏差校正的百分位法对交互项系数进行估计。如果置信区间的下限与上限之间不包括 0，即表示相应的效应显著。

3.4.1 直接效应与中介效应检验

首先进行直接效应检验与中介效应检验，回归结果显示在表 3-8 与表 3-9 中。通过表 3-8 中的模型 3-3，可以看出 PER 系数显著且为正；同时，通过表 3-9 中的直接效应也可以看出，置信区间没有跨过 0。由此说明正向的直接效应成立，假设 3-1 得到了支持。通过表 3-8 中的模型 3-3，可以看出 ACC 系数显著且为正，且对比模型 3-1 与模型 3-3 可以看出，$PTER$ 的系数显著降低；同时，通过表 3-9 中的间接效应也可以看出，置信区间没有跨过 0。由此说明正向的中介效应成立，假设 3-2 得到了支持。同时在模型 3-3 中 PER 系数依然显著，因此 ACC 在 $PTER$ 与 $GEPMB$ 中起到部分中介的作用。

表 3-8 直接和中介效应检验

项 目	模型 3-1		模型 3-2		模型 3-3	
	因变量：$GEPMB$		因变量：ACC		因变量：$GEPMB$	
	b	SE	b	SE	b	SE
常数项	2.013 ***	0.341	2.247 ***	0.293	0.935 **	0.378

续表 3-8

项　目	模型 3-1		模型 3-2		模型 3-3	
	因变量：*GEPMB*		因变量：*ACC*		因变量：*GEPMB*	
	b	SE	b	SE	b	SE
控制变量 *EXP*	− 0. 148	0. 090	− 0. 087	0. 078	− 0. 106	0. 083
自变量 *PTER*	0. 456 ***	0. 110	0. 284 ***	0. 095	0. 320 ***	0. 104
中介变量 *ACC*					0. 480 ***	0. 095
回归的 F 值	10. 796 ***		5. 565 ***		17. 168 ***	
修正后的 R^2	0. 133		0. 067		0. 275	

注：*** 为在 1% 的水平下显著。b = 回归系数，SE = 标准误。

表 3-9　使用 Bootstrap 的直接和中介效应检验

中介模型	效应值	SE	90% 置信区间	
			最小值	最大值
总效应	0. 456	0. 110	0. 274	0. 639
直接效应	0. 319	0. 104	0. 147	0. 493
间接效应	0. 136	0. 049	0. 061	0. 221

注：Bootstrap = 5000 次，置信区间（*CI*）水平设置为 90%。SE = 标准误。

3.4.2　调节效应检验

接下来进行调节效应的检验，本书进行调节效应分析时将部分变量进行了中心化处理。本书有三个调节变量，根据假设的建立，其中一个调节变量（*PCC*）调节中介效应的前半段，即 *PTER* 与 *ACC* 的关系，另外两个调节变量（*PSC* 和 *PQC*）调节中介效应的后半段，即 *ACC* 与 *GEPMB* 的关系。先对 *PCC* 的调节效应分析，回归结果显示在表 3-10 与表 3-11 中。通过表 3-10 中的模型 3-4 可以看出 *PTER* × *PCC* 系数显著且为负；同时，通过表 3-11 可以看出，当 *PCC* 升高时，*PTER* 对 *ACC* 的效应显著降低。由此说明 *PCC* 的负向的调节效应成立，假设 3-3 得到了支持。据此绘制出的调节效应图如图 3-2 所示。

表 3-10　*PCC* 的调节效应检验

因变量：*ACC*	模型 3-4		模型 3-5		模型 3-6		模型 3-7	
	b	SE	b	SE	b	SE	b	SE
常数项	3. 097 ***	0. 079	3. 097 ***	0. 077	3. 096 ***	0. 075	3. 060	0. 072
控制变量 *EXP*	− 0. 112	0. 079	− 0. 87	0. 078	− 0. 093	0. 076	− 0. 054	0. 073

续表 3-10

因变量：ACC	模型 3-4		模型 3-5		模型 3-6		模型 3-7	
	b	SE	b	SE	b	SE	b	SE
自变量 PTER			0.284 ***	0.095	0.249 ***	0.094	0.216 **	0.090
调节变量 PCC					− 0.167 **	0.072	− 0.134 *	0.069
交互项 PTER × PCC							− 0.274***	0.072
本步骤的 F 值	2.001		9.003 ***		5.428 **		14.514 ***	
R^2 的改变量	0.016		0.066		0.038		0.092	
回归的 F 值	2.001		5.565 ***		5.650 ***		8.324 ***	
修正后的 R^2	0.008		0.067		0.098		0.186	

注：*、**、*** 分别为在 10%、5%、1% 的水平下显著。b = 回归系数，SE = 标准误。

表 3-11 使用 Bootstrap 方法对 PCC 的调节效应进行检验

PCC 的水平	效应 PTER 对 ACC	SE	90% 置信区间	
			最小值	最大值
− 1 SD	0.512	0.113	0.324	0.698
均值	0.217	0.089	0.068	0.366
+ 1 SD	− 0.076	0.124	− 0.281	0.129

注：Bootstrap = 5000 次，置信区间（CI）水平设置为 90%。SD = 标准差，SE = 标准误。

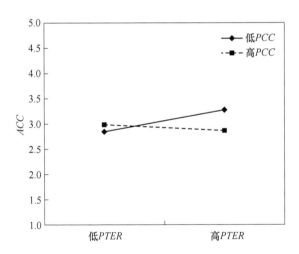

图 3-2 PCC 对 PTER 与 ACC 关系的调节效应

同理，本书将对 PSC 和 PQC 的调节效应检验结果列入表 3-12 与表 3-13。与上述调节效应的检验相似，可以判断出 PSC 有着负向的调节效应，而 PQC 的调节效应并不显著。因此，假设 3-4 得到了支持而假设 3-5 没有得到支持。此外，本书还绘制出了调节效应图以更好地显示调节效应。由于 PQC 的调节效应并不显著，因此只绘制了 PSC 的调节效应图并展示在图 3-3 中。

表3-12 PSC 和 PQC 的调节效应检验

因变量：$GEPMB$	模型3-8（第1步）		模型3-9（第2步）		模型3-10（第3步）		模型3-11（第4步）	
	b	SE	b	SE	b	SE	b	SE
常数项	3.378 ***	0.095	3.377 ***	0.084	3.377 ***	0.083	3.366 ***	0.083
控制变量 EXP	-0.188 *	0.095	-0.125	0.085	-0.113	0.085	-0.085	0.085
自变量 ACC			0.555 ***	0.094	0.537 ***	0.094	0.458 ***	0.100
调节变量 PSC					-0.175 *	0.092	-0.156 *	0.091
调节变量 PQC					-0.063	0.089	-0.050	0.089
交互项 $ACC \times PSC$							-0.197 *	0.103
交互项 $ACC \times PQC$							0.043	0.108
本步骤的 F 值	3.901 *		34.497 ***		2.692 *		2.218	
R^2 的改变量	0.03		0.209		0.032		0.026	
回归的 F 值	3.901 *		19.714 ***		11.467 ***		8.534 ***	
修正后的 R^2	0.022		0.226		0.246		0.261	

注：*、**、*** 分别为在 10%、5%、1% 的水平下显著。b = 回归系数，SE = 标准误。

表3-13   使用 Bootstrap 方法对 PSC 和 PQC 的调节效应进行检验

PSC 的水平	PQC 的水平	效应 ACC 对 $GEPMB$	SE	90% 置信区间	
				最小值	最大值
-1 SD	-1 SD	0.605	0.114	0.416	0.795
-1 SD	均值	0.648	0.116	0.456	0.841
-1 SD	+1 SD	0.691	0.191	0.375	1.007
均值	-1 SD	0.416	0.148	0.170	0.662
均值	均值	0.459	0.100	0.293	0.625
均值	+1 SD	0.502	0.143	0.264	0.739
+1 SD	-1 SD	0.227	0.225	-0.146	0.599
+1 SD	均值	0.269	0.269	0.001	0.538
+1 SD	+1 SD	0.313	0.312	0.054	0.571

注：Bootstrap = 5000 次，置信区间（CI）水平设置为 90%。SD = 标准差，SE = 标准误。

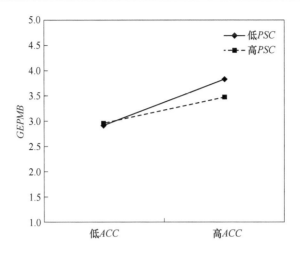

图 3-3　PSC 对 ACC 与 GEPMB 关系的调节效应

3.4.3　假设检验结果

本书的假设及假设检验的情况汇总在表 3-14 中。

表 3-14　本章假设检验结果

假设编号	假 设 内 容	是否支持假设
假设 3-1	项目经理的感知传统环境规制与其绿色工程项目管理行为正相关	支持
假设 3-2	项目经理的情感变革承诺中介了其感知传统环境规制与绿色工程项目管理行为的相关关系	支持
假设 3-3	工程项目的成本约束负向调节了项目经理的感知传统环境规制与其情感变革承诺的相关关系	支持
假设 3-4	工程项目的工期约束负向调节了项目经理的情感变革承诺与其绿色工程项目管理行为的相关关系	支持
假设 3-5	工程项目的质量约束负向调节了项目经理的情感变革承诺与其绿色工程项目管理行为的相关关系	不支持

3.5　讨论与管理启示

3.5.1　结果讨论

3.5.1.1　直接与中介效应的讨论

本书结果表明，项目经理的感知传统环境规制一方面能够直接促进他们的绿色工程项目管理行为，另一方面还能提高他们的情感变革承诺，进而促进他们的绿色工程项目管理行为。这部分结果可以从以下几个方面进行讨论。

第一，这部分结果再次验证了前人的观点，即政府的支持对于发展中国家实施绿色工程项目管理至关重要。

第二，组织变革理论在项目管理领域的适用性得到了支持。情感变革承诺作为组织变革研究领域常见的中介变量，在工程项目管理的绿色变革中同样适用。

第三，环境规制的有效性在建筑行业及项目层面得到了延伸。一方面，在对于工业部门的研究中，环境规制在提高能源效率和绿色全要素生产率，并且促进绿色技术的创新方面的积极作用得到了认可。本书的结果使前人的结论在建筑行业得到了延伸。另一方面，在建筑企业层面，环境规制被认为可以促进绿色技术和科技的发展。本书以项目经理为研究对象，得到了环境规制能够在项目层面促进绿色工程项目管理的结果，这使前人的结论在项目层面得到了延伸。

3.5.1.2　调节效应的讨论

根据实证结果，成本约束会阻碍项目经理的思想变革（情感变革承诺）进程，且工期约束会阻碍项目经理的行为变革（绿色工程项目管理行为）进程。成本和工期的负向调节效应响应 Hwang 和 Ng 的观点，即绿色建材和设备的高成本以及工期压力是实施绿色工程项目管理的重要挑战。此外，这些结果也侧面反映了建设过程中的成本问题是绿色工程项目管理的障碍之一，且工期与能源消耗的关系需要慎重权衡。

值得注意的是，质量约束的调节效应并不显著。一方面，这可能是因为在绿色施工流程设计时就保障了质量的问题。另一方面，质量管理可能并不会妨碍环境管理。例如在制造业中，通过了 ISO 9001 质量管理体系认证的企业往往更容易获得 ISO 14001 环境管理体系认证。这是因为从质量管理中学到的经验和知识也同样有益于环境管理的深入实施。同理，在建筑行业中业主对建设项目质量的高要求并不一定会对绿色工程项目管理行为造成阻碍。总的来说，这一结果反映了在施工过程中的高质量和环境友好并不冲突。

本书的学术贡献如下。

第一，本书揭示了项目经理的感知环境规制对他们的绿色工程项目管理行为的影响机制。以往环境规制领域的研究大多关注环境规制对某个行业或地区可持续发展的直接影响，本书建立了包含中介效应和调节效应的理论模型并进行了实证检验，这可以帮助增加对环境规制影响机制的了解。值得注意的是，项目管理领域的研究中多次强调成本、工期和质量约束很大程度上影响项目经理的决策。本书结合对现实中项目经理的访谈结果，厘清了"三重约束"对项目经理绿色工程项目管理行为的调节效应，这进一步加深了对环境规制影响机制的探讨。

第二，本书基于组织变革理论探索了项目经理的思维和行为。首先，项目经理在绿色工程项目管理中的重要性在本研究中再次得到了验证，支持了前人的理论。其次，不同于以往研究仅基于计划行为理论，本书基于组织变革理论建立理论模型，丰富了对项目经理行为研究的理论视角。最后，情感变革承诺的中介效应得到了验证，结果与组织变革理论应用较为成熟的领域得到的结论相符合，这意味着组织变革理论的应用范围拓展到了项目管理领域。

第三，本书以中国的建筑行业为背景，对绿色工程项目管理的研究做了新的尝试。一方面，以往在绿色工程项目管理的研究中采用的样本大部分来自信息系统、科技项目或其他行业。针对这一现象，Martens 和 Carvalho 号召后来的研究增加对建筑行业的关注。本书以建筑行业的项目经理为研究对象，这响应了前人的号召。另一方面，在发达国家对于建筑行业可持续性的研究中，学者们大多更加关注项目交付成果的节能环保程度，较少关注建筑物施工过程的绿色工程项目管理。然而，在许多发展中国家，降低施工过程的环境影响目前仍是一项巨大的挑战。本书以中国这个最大的发展中国家为背景，聚焦于建筑物的建造阶段，这拓展了建筑行业的可持续发展研究。

3.5.2　本章管理启示与政策建议

本书对建筑企业的管理启示如下。

（1）建筑企业应将环境绩效纳入项目经理的绩效考核。通过访谈得知现阶段项目经理的绩效考核仍然以成本、工期、质量为重点，其中项目成本考核更是很大程度上决定了项目经理的收入。为了使绿色工程项目管理能够更好地落实，本书建议建筑企业将环境指标也作为项目经理绩效的主要考核方面，并将其与项目经理的奖金关联。这样可以很大程度上避免项目经理出于节约成本而忽略项目的环境管理，促使他们进行绿色工程项目管理行为。

（2）建筑企业应增加对员工的绿色施工知识培训。项目经理及施工人员缺乏绿色施工知识会导致绿色工程项目管理耗费更多的工期，阻碍了绿色工程项目管理的实施。为了使项目经理进行绿色工程项目管理更加顺利，以及施工人员面临绿色施工任务时更加熟练，建筑企业应聘请绿色施工方面的专家定期对项目经理及施工人员进行绿色施工现场管理、绿色施工技术、污染处理设施设备、绿色建材等相关知识的培训。这样做可以很大程度上缩减由于绿色工程项目管理导致的时间成本，为项目经理实施绿色工程项目管理降低了工期压力。

本书对政策制定者的建议如下。

（1）政策制定者应督促环境监管部门加强对建筑工地环境的监管。监管部门应采取措施对建筑工地开展实时监测，如在建设项目中推广污染物排放实时监测设备，以提高环境监管的严格程度。

（2）政策制定者应进一步完善环保税征收制度。本书建议政策制定者尽快实现税务部门专业化征管，细化应税污染物清单，更高效地发挥环保税的经济调节效应。

（3）政策制定者应鼓励地方政府加强环保组织的建设。地方政府应吸取发达国家的经验支持专业民间环保组织的建立，并对它们授予一定的监管权力，使它们充分发挥出对正式环境规制的补充作用。

对项目经理而言，以上建议可以充分体现政府对环保的重视，一方面加强了政府对绿色工程项目管理的支持力度，另一方面提高了绿色工程项目管理作为与政府维持良好关系的方法的可行性。这些都可以充分调动项目经理对绿色工程项目管理的价值认同感，使他们提升对绿色工程项目管理的情感承诺。同时，以上建议也可以增强环境规制的威慑力，这会提高项目经理感受到的制度压力且降低他们的侥幸心理，促使他们进行绿色工程项目管理行为。

4 环境规制对建筑行业省级
绿色全要素生产率的影响

在第 3 章中，本书聚焦微观层面，从项目管理视角探讨了环境规制对绿色建造的影响。本章将会转向宏观层面，从省级视角继续探讨环境规制对绿色建造的影响。新时期中国经济增长方式将由依赖要素投入增长转向全要素生产率增长。传统的全要素生产率研究已经不能满足发展的可持续性研究，融入能源消耗、二氧化碳排放等环境约束构建而成的绿色全要素生产率应运而生。绿色全要素生产率指标可以从生产率的角度反映建筑行业的绿色建造水平。因此，本章采用建筑行业绿色全要素生产率代表某个省（直辖市）整体的绿色建造程度。

根据制度理论，环境规制作为政府主导的政策工具，会对建筑行业绿色全要素生产率产生重要的影响。环境规制中的传统环境规制（指令控制型、基于市场型和非正式型）主要是向企业施加绿色压力。随着政府在绿色市场中的角色由监管者向消费者转变，以绿色政府采购为代表的需求端环境规制通过对工程项目及合同授予方的绿色要求，给了追求经济利益的建筑企业主动进行绿色升级的动力。因此，除了传统规制以外，需求端规制对建筑行业绿色全要素生产率的影响值得深入探讨。

此外，中国现存的一些政策环境及建筑行业特征的影响也不容忽视。

（1）为了实现全方位的可持续发展，政府制定了多种目标导向不同的可持续发展政策。在同一区域内实施目标不同的政策可能会引发政策冲突，这些冲突是否会影响到环境规制对建筑行业绿色全要素生产率的有效性仍未可知。

（2）国有企业作为中国建筑行业独特的经济力量，在市场竞争中拥有显著优势，尤其对于政府项目资源。以往学者认为国有企业比非国有企业更注重环境保护，那么建筑行业的国有化程度是否影响环境规制的有效性同样值得探究。参考 Liu 等、Sun 和 Zou 的研究，目前缺少对区域政策冲突和行业国有化程度作为调节角色的探讨。

针对这些研究缺憾，本章再次回顾本书提出的研究问题二：环境规制与建筑行业的绿色全要素生产率有怎样的关系？区域政策冲突和行业国有制程度是否在上述关系中有调节效应？为了回答以上的研究问题，本章将从省级分析的宏观视角探讨传统及需求端环境规制对建筑行业绿色全要素生产率的影响。本章基于以往研究进行讨论而建立假设和理论模型，使用中国 30 个省（直辖市）的面板数据，采用 SBM-DEA 模型衡量建筑行业的绿色全要素生产率，并使用回归方法对理论模型进行检验。本章接下来的安排是假设建立、数据获得及变量测量与分析、理论模型检验与结果分析、讨论与管理启示以及本章小结。

4.1　假设建立与理论模型

4.1.1　传统及需求端环境规制与绿色全要素生产率

4.1.1.1　传统环境规制与绿色全要素生产率

根据制度理论中的强制性同型，可以发现政府制定的法规是强制性和权威性的，对企业具有重大影响，传统环境规制也不例外。接下来将分别介绍中国三类传统环境规制与绿色全要素生产率的关系。

指令控制型环境规制通常依赖于环境绩效的标准和要求。企业可以通过不同的技术解决办法来满足它的要求，例如，尝试新的建造技术或使用清洁能源甚至直接采用行业中的最新技术（Best Available Techniques）。根据动态竞争理论（Theory of Dynamic Competitiveness），严格的环境标准为整个建筑业的绿色建造技术进步提供了激励。因此，指令控制型规制不仅可以激励建造现场实施更严格的污染物排放监管和环境管理制度，而且促使建筑企业投资于更清洁的技术和雇用受过训练的专家技术人员，从而使建筑行业达到更高的绿色全要素生产率。

基于市场型规制遵循"污染者付费"的原则，意味着建筑项目在建造过程产生各类污染物的同时会付出一定的成本。因此，从短期来看，此类规制可以激励建筑企业为了减少排放支出而在建造过程中采取减少污染物排放的措施，从长期来看，企业有动力投资于建造机械的绿色升级或购买节能设备以降低长期环境成本。总之，基于市场型规制为企业提供了采取措施或适当投资以减少其对环境的负面影响的灵活性，无论短期还是长期来看都有利于提高建筑行业的绿色全要素生产率水平。

除了制度理论外，利益相关者理论同样可以解释环境规制对企业的影响，尤其是非正式型环境规制。此类规制在影响企业的环境实践方面可以作为正式型环境规制的补充，尤其是在另外两种规制薄弱或缺乏的情况下。对建筑企业而言，非正式规制可能会对其声誉、绩效、市场竞争力甚至股票价格带来负面影响；对环保部门而言，民众施加的压力也会使它们加强对建造项目的环境监督。因此，在非正式规制带来的多重压力的作用下，建筑企业在建造时会更加重视环境影响，从而提升绿色全要素生产率。基于以上讨论，本书提出以下假设。

假设4-1：传统环境规制与建筑行业的绿色全要素生产率正相关。

4.1.1.2 需求端环境规制与绿色全要素生产率

如果说传统环境规制是给企业施加压力，让企业被动降低污染，那么需求端环境规制则以政府的巨大需求为驱动力，充分利用企业追逐经济利益的本能来激励它们主动进行绿色升级。这同样可以通过制度理论中的规范性同型加以解释。

中国2019年政府采购总额超过33000亿元（5097亿美元），其中工程占比最大（约45.4%）。工程类绿色政府采购（政府采购绿色工程）鼓励建筑企业采用更环保的建材，更清洁的建造技术和建造过程中更加重视环境影响。中国最新的绿色政府采购政策中强调了绿色建筑和绿色建材政府采购标准。这反映出政府采购绿色工程的份额进一步扩大，需求端环境规制对建筑业的可持续发展越加重要。在中国，政府采购绿色工程项目的绿色要求主要包括三类。

第一类是对建筑材料的要求，即鼓励企业建造使用绿色建筑材料，如通过ISO 14024或中国环境标志认证的建材。尽管绿色建材没有直接影响绿色建造过程，但其为第二类与第三类政府采购绿色工程项目的绿色要求提供了绿色建材采购的基础，而绿色采购是绿色项目的守门员，因此本书认为其也能对绿色全要素生产率起到间接的影响作用。这一类的政府采购绿色工程项目已经得到了广泛实施。

第二类是对建筑企业的绿色资质要求，如投标企业须通过EMS（ISO 14001）认证。通过该认证的建筑企业有较好的环境管理水平，能够确保在建造过程中对各类污染物排放的控制达到相关要求。政府采购绿色工程项目常将ISO 14001作为投标人的准入门槛或加分项。这一类的政府采购绿色工程项目同样已经得到了广泛实施[1]-[4]。

第三类是对建筑物全寿命周期的环境绩效要求，如建筑物应达到星级绿色建筑标准。绿色建筑主要评价建筑的全寿命周期内，节约资源、保护环境和减少污染的水平。在中国，绿色建筑由低至高分为三个星级，其中重点规定了绿色建造的相关要求与得分细则。这一类的政府采购绿色工程项目已经得到了重视与推广。目前二星级及以上绿色建筑已在政府采购绿色工程项目中得到重视，部分政府采购绿色工程项目已获得三星标示。

---

① 数据来源：大名县政务服务中心与公共资源交易中心综合办公楼室内外装饰装修工程招标公告，中国政府采购网。

② 数据来源：绥化市疾病预防控制中心实验室专业部分建设工程竞争性磋商公告，中国政府采购网。

③ 数据来源：绍兴市柯桥区公共资源交易中心关于绍兴市公安局柯桥区分局"智慧安防小区"（主城区）建设项目的公开招标公告，中国政府采购网。

④ 数据来源：中国人民解放军63831部队老区生活区修建塑胶跑道招标公告，中国政府采购网。

通常工程 GPP 项目的合同金额较高且利润丰厚，这会激励建筑企业提高环境绩效或取得环保认证，以便在绿色采购者面前更有竞争力。正如欧洲公共部门对环保木材的采购被认为可以促进环保认证木材的生产和消费一样，工程 GPP 也会推动绿色建造技术和水平的进一步发展。此外，根据社会学习理论，建筑企业在政府采购绿色工程项目的实施过程中获得的经验也有利于绿色建造技术和绿色建筑标准在整个行业的应用和推广。综上所述，本书认为需求端环境规制（即政府采购绿色工程）可以正向影响建筑行业的绿色全要素生产率，因此提出以下假设。

假设 4-2：需求端环境规制与建筑行业的绿色全要素生产率正相关。

4.1.2 区域政策冲突的调节效应

政策冲突（Policy Conflict）是指由政府行政机关制定的公共政策之间存在的相互矛盾、相互对立或相互抵触的现象，具体表现为政策价值观冲突、政策目标冲突、政策工具冲突或政策结果冲突等。其中，政策目标冲突指的是政策主体在解决某个政策问题或公共事务治理过程中所希望达成的目标不一致的现象。公共政策是政府对社会资源的权威性分配，当某个区域出现政策目标冲突时，由于人力、物力和财力资源的有限性，地方政府官员就会有选择性地执行政策。因此，与环境规制有目标冲突的政策会抢占它需要的社会资源，从而影响到它的实施效果。

中国长期以来秉持着可持续发展的原则，制定了形式多样，实施手段丰富的可持续发展政策体系。除了以提高环境可持续性为单一目标的环境规制外，还包括以改善市容市貌为目标的建设文明城市政策，以经济可持续发展为目标的国家资源型经济转型发展综合配套改革实验区政策、振兴东北老工业基地政策，以因地制宜协调发展为目标的国家可持续发展实验区政策等。即便这些政策都是国家可持续发展战略实施中的重要组成部分，但当它们在同一个区域内实施时便产生了政策目标冲突问题。

本书以国家可持续发展实验区这一覆盖范围较大、较成熟的可持续发展政策作为代表，探讨政策冲突对环境规制效力的影响。国家可持续发展实验区原名为国家社会发展综合实验区，是由原国家科委会同原国家体改委和原国家计委等政府部门共同推动的一项地方性可持续发展综合示范试点工作。国家可持续发展实验区政策依靠科技进步、机制创新和制度建设，全面提高实验区的可持续发展能力，探索不同类型地区的经济、社会和资源环境协调发展的机制和模式，为不同类型地区实施可持续发展战略提供示范。从 1986 年至今，中国已有 31 个省的 195 个社区通过了国家可持续发展实验区验收，其中包括 6 个可持续发展创新实验区①。本书从以下两个方面的政策目标冲突对环境规制有效性的影响。

第一，国家可持续发展实验区政策与环境规制对环境保护的倾斜程度不同。实验区实施"筹备—考核—验收"制，根据《国家可持续发展实验区创新能力评价报告：2014》中给出的"中国国家可持续发展实验区建设与规划指标体系"和"中国国家可持续发展实验区创新能力评价指标体系"，实验区考核在经济、社会和环境方面分别制定了相应的指标。实验区建设的基本机理是基于"问题—对策—响应"机制，即针对限制当地可持续发展的核心问题，寻找解决途径及其对策。实验区按其行政建制可以分为大城市城区型、中小城市型、县域型和建制镇型四种类型。后两者在建设时更侧重于提高经济水平，而前两者更倾向于社会和谐和环境污染治理。对比而言，无论是传统环境规制还是需求端环境规制均以提高环境的可持续性为核心目标，这与国家可持续发展实验区的多样化政策目标产生了冲突。因此，在区域内社会资源有限的前提下，实验区较多的省（直辖市）用来环境治理的资源可能会被压缩，从而削弱环境规制的实施效力。

第二，国家可持续发展实验区政策与环境规制对建筑行业的重视程度不同。从考核指标中可以发现，国家可持续发展实验区对环境方面的目标主要集中在工业污染治理和改善居民生活环境方面，并未重点关注建筑行业的环境问题。对比而言，传统环境规制长期以来将建筑污染问题视为环境治理的重点，需求端环境规制也将政府采购绿色工程视为重点工作领域。因此，在环保部门的人力、物力、财力资源有限的前提下，国家可持续发展实验区为了达成治理工业污染和提升居民生活环境的目标而投入了大量的资源，这导致环境规制对改善建筑行业环境绩效的资源投入受到挤压。综合以上两点，本书认为环境规制对建筑行业绿色全要素生产率的提升效果会受到区域内政策冲突的限制，并提出以下假设。

假设 4-3a：区域政策冲突负向调节了传统环境规制与建筑行业绿色全要素生产率的相关关系。

假设 4-3b：区域政策冲突负向调节了需求端环境规制与建筑行业绿色全要素生产率的相关关系。

4.1.3 行业国有化程度的调节效应

在过去 30 多年的时间里，行业所有制结构变化在很大程度上扭转了行业的配置效率和技术效率，进而改善了行业绩效。自党的十八大以来，在确保国有企业主导地位的前提下尝试通过行业所有制结构的战略性调整来提高传统行业的绩效和创新能力的目标十分明确。参考曹凤超和王成龙的研究，本书将行业国有化

---

① 数据来源：国家可持续发展实验区简介，中国 21 世纪议程管理中心网站。

程度（Degree of Nationalization of the Industry）定义为某个具体行业内国有及国有控股企业的占比。建筑行业作为一个传统行业，国有企业长期以来占据着主导地位，它们的环境表现对整个行业的可持续发展至关重要。国有建筑企业资本密集程度高，在规模、技术和人才等方面有历史积累和体制性优势，有更强的激励（约束）去满足国家特定时期的战略性需求。因此，与非国有企业相比，国有企业改善环境的倾向更强烈，本书主要从以下三个方面分析。

首先，保护环境是企业社会责任（Corporate Social Responsibility）的重要组成部分。虽然企业通过参与环保类企业社会责任活动，可以达到更高的社会和环境标准，从而提高自己的声誉和竞争力。但是施工中使用环保建材、采取环保措施几乎无法为建筑企业带来可衡量的经济利益，甚至还会产生大量的成本，降低利润，这与非国有企业努力实现经济利益最大化的目标相冲突。然而，国有建筑企业所有权归国家和人民所有，致使他们在做决策时会出于对政治影响和群众影响的考虑去承担更多的企业社会责任。因此，在社会大众和政府机构的鼓励和干预下，出于履行企业社会责任，国有建筑企业更加有义务响应环境规制的号召而提高绿色全要素生产率。

其次，从资源获取的角度来看。中国的资源分配和政策制定都是由政府来实施的，而国有建筑企业的 CEO 大多是由政府任命，他们与政府机关的联系非常密切。因此国有制可以赋予它们更大的合法性、资源支持和政策优先权，在环保方面表现为更容易获取研发补贴、得到更多的技术创新支持等。因此，根据资源基础理论，资源的优势使国有企业更容易进行绿色实践，政策的倾斜使它们更有能力进行绿色创新。

最后，从企业管理者的角度来看。环境保护是中国的基本国策，利用环境规制来推动社会的可持续发展是政府的重要目标。国有企业的管理者除了要帮助企业盈利外，还肩负着一定的政治任务，因此他们有强烈的动机积极配合环境规制的实施，以服务于国家利益或提高自己的个人政治业绩。尽管企业是绿色创新的主体，绿色创新投入和产出大多也都发生在企业层面，但行业所有制结构变化对行业绿色创新所产生的效应具有累加性和整体性。换而言之，只有当行业的国有化变化累积到一定程度并形成一种整体趋势之后，才可能对行业绿色创新发生作用。因此，从宏观行业层面来理解行业国有化程度变化和行业绿色生产率之间的关系更为合理。综上所述，本书提出以下假设。

假设 4-4a：行业国有化程度正向调节了传统环境规制与建筑行业绿色全要素生产率的相关关系。

假设 4-4b：行业国有化程度正向调节了需求端环境规制与建筑行业绿色全要素生产率的相关关系。

4.1.4　本章理论模型

综上所述，本章的理论模型（包含关系假设）如图4-1所示。

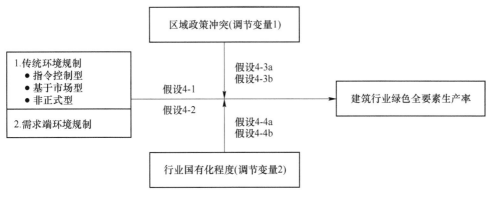

图 4-1　本章的理论模型

4.2　数据获得及变量测量与分析

4.2.1　数据收集

本书参考 Wang 和 Liu、Guo 和 Yuan、向鹏成等、Xie 等的研究，应用省级面板数据来进行理论模型的检验，原因如下：

（1）中国各个省（自治区、直辖市）之间具有不同的产业和能源系统以及社会经济特征，进行省级研究更具有对比差异性；

（2）省级政府拥有更大的法定决策权，更加符合本书以不同类型的环境政策作为核心变量的研究目的；

（3）省级低碳试点的建筑行业相关数据资料更加完整，更加能够满足本书的需求。

4.2.2　变量测量

本书的因变量为建筑行业绿色全要素生产率（*GTFP*），使用包含非期望产出的基于松弛变量的数据包络分析（SBM-DEA）模型来衡量。本书聚焦的建筑行业是一个包含多种投入和产出的生产过程，且建造过程产生的环境的不利影响是需要重点考虑的因素。使用包含非期望产出的 SBM-DEA 模型来衡量的 *GTFP* 由于不仅可以考虑生产过程的多方面的投入，还能考虑到对环境不友好的产出，常被学者们应用于以环境效率角度探讨企业、行业或地区绿色全要素生产率的研究。更重要的是，以往研究使用的行业能源数据均来源于《中国能源统计年鉴》，而该年鉴事实上对于建筑业数据的统计口径恰好是建造过程，这更符合本书的研究对象。

本书基于规模报酬可变（VRS）的前提，使用包含非期望产出的 SBM-DEA 模型来计算 GTFP。参考 Wang 和 Liu、Zhou 等的研究，本书的具体投入和产出指标列入表 4-1。需要注意的是：

第一，由于固定资产折旧率难以获取，本书采用建筑业的年度固定资产投资来代表本年度的资本投入。

第二，由于中国并未直接统计 CO_2 的排放数据，本书根据 2006 年联合国政府间气候变化专门委员会（Intergovernmental Panel on Climate Change，IPCC）制定的国家温室气体清单指南给出的公式来计算具体数值，见式（4-1）。

$$E_{CO_2} = \sum_i E_i \cdot S_i \cdot Ef_i \tag{4-1}$$

式中，E_{CO_2} 指的是建筑业能源消耗产生的 CO_2 排放；E_i 表示化石能源的消耗，下标 i 表示不同的化石燃料；S_i 和 Ef_i 分别为标准煤当量系数和不同化石燃料的 CO_2 排放因子。

表 4-1　GTFP 的计算指标

指标类型	指标名称	测量方法	单　位
投入指标	劳动力	建筑行业劳动力投入	万人
	资本	建筑行业固定资产投资	亿元
	能源	建筑行业能源消耗	万吨标准煤
期望产出指标	经济产出	建筑行业总产值	亿元
非期望产出指标	碳排放	建筑行业 CO_2 排放量	万吨

本书的自变量分别为指令控制型环境规制（CMCER）、基于市场型环境规制（MBER）、非正式型环境规制（INFER）及需求端环境规制（DSER）的执行力度。

对于指令控制型环境规制（CMCER），以往有学者采用新实施的法律法规和规章的数量来测量。但是，由于地方政府在执行环境政策方面有很大的自由，因此这一指标并不能真正反映地方环境政策的执行情况。为了克服这个问题，本书参考 Wang 和 Liu、Guo 和 Yuan、Li 等的研究采用地方政府支出的环境污染治理投资来衡量 CMCER。

对于基于市场型环境规制（MBER），虽然中国已逐步实施碳交易政策，但目前仍处于试点阶段，而以排污费为基础的排污征收制度相对较成熟。因此，本书以学者们普遍采用的排污费来衡量 MBER。

对于非正式型环境规制（INFER），中国的地方环境保护部门均公开了环境投诉渠道，个人或团体都可以通过这些渠道来反映环境问题和提出整改建议，因此本书参考 Wang 和 Liu、Li 和 Ramanathan 和 Xie 等的研究采用污染和环境相关问题的投诉信数量（包括收到的电子邮件和电话投诉）来测量 INFER。

需求端环境规制（DSER）在中国的主要表现形式是绿色政府采购。以往有学者采用问卷调查的方法来衡量欧洲地区建筑行业的绿色政府采购执行力度。由于目前关于绿色政府采购的统计数据很少，学者们也大多采用问卷的形式来获取绿色政府采购相关数据。然而，一方面本书使用 10 年跨度的面板数据，无法使用问卷来获得绿色政府采购相关数据。另一方面，客观数据可以降低调查数据的主观性。基于以上原因，参考 Wang 和 Liu 和 Zmihorski 等的研究工作，本书选择以主流搜索引擎（在中国主要使用百度）检索到的绿色政府采购相关网页的数量来衡量 DSER。具体来说，中国现阶段实施绿色政府采购主要参考环保标志产品和节能产品政府采购清单，其中与建筑行业相关的产品涵盖在环境标志产品政府采购清单中。因此本书将"省（直辖市）名""政府采购""环境标志产品"作为搜索关键词，选取对应的年份，使用百度搜索引擎统计同时包含这三个关键词的网页数量用来衡量 DSER。

第一个调节变量为区域政策冲突（POC）。本书以国家可持续发展实验区政策作为与环境规制目标冲突的政策代表，因此参考 Wang、Liu 和 Testa 等的思路，采用每个省（直辖市）通过验收的国家可持续发展实验区数量来衡量 POC。

第二个调节变量为行业国有化程度（DNI）。本书参考孙早等的思路，以国有及国有控股建筑企业在建筑行业中所占的经济比重来代表建筑行业的国有化程度。具体采用每个省（直辖市）国有及国有控股建筑企业产值与建筑行业总产值的比值来衡量。

本书选取了 6 个控制变量以确保上述变量之间的关系不是由已确定的其他因素造成的，详细内容见表 4-2。

表4-2 控制变量

变 量	缩写	测 量 方 法	预期相关性	参考文献
外商直接投资	FDI	本省外商直接投资的金额	不确定	Xie 等，2017
研发投入强度	R&D	本省研发支出金额与国内生产总值的比值	正相关	Guo 和 Yuan，2020
人均国内生产总值	PerGDP	本省人均国内生产总值	正相关	Li 和 Ramanathan，2018
教育水平	EDU	本省大专学历人数与 6 岁以上总人数的比值	正相关	Wang 和 Lei，2019；Song 等，2020

续表 4-2

变　量	缩写	测　量　方　法	预期相关性	参考文献
建筑行业依赖	DEPEN	本省建筑行业增加值与国内生产总值的比值	负相关	Xie 等，2017
能源消费结构	ECS	本省建筑行业煤炭消耗量与总能源消耗量的比值	不确定	Shen 等，2019

4.2.3　描述性统计分析

变量的描述性统计分析见表 4-3。

表 4-3　变量描述性统计分析

变　量		数量	均值	标准值	最小值	最大值	单位
因变量	GTFP	300	30.748	25.438	5.063	100	%
自变量	CMCER	300	243.337	199.696	12.300	1416.200	亿元
	MBER	300	6.597	5.221	0.315	25.603	亿元
	INFER	300	233.444	311.598	0.660	2558.740	百例
	DSER	300	207.944	2521.324	0	42700	百例
调节变量	POC	300	4.810	3.813	0	18	个
	DNI	300	23.229	17.031	0.954	82.665	%
控制变量	FDI	300	73.768	75.847	0.149	357.596	亿美元
	R&D	300	1.511	1.075	0.226	6.077	%
	PerGDP	300	4.465	2.372	0.986	12.893	万元
	EDU	300	11.884	6.896	3.064	47.610	%
	DEPEN	300	7.193	2.282	2.497	14.662	%
	ECS	300	9.877	11.161	0	75.952	%

注：GTFP 是使用 SBM-DEA（规模报酬可变）计算，表格中为中心化之前的数据。

4.2.4　变量相关性分析

变量之间的相关性分析见表 4-4。

表 4-4　变量相关性分析

变量	GTFP	CMCER	MBER	INFER	DSER	POC	DNI	FDI	R&D	PerGDP	EDU	DEPEN	ECS
GTFP	1												
CMCER	0.135** (0.019)	1											
MBER	-0.038 (0.512)	0.666*** (0.000)	1										
INFER	0.024 (0.686)	0.334 (0.000)	0.330*** (0.000)	1									
DSER	0.171*** (0.003)	0.117** (0.044)	-0.007 (0.907)	0.059 (0.309)	1								
POC	0.121** (0.037)	0.681*** (0.000)	0.623*** (0.000)	0.359*** (0.000)	-0.023 (0.691)	1							
DNI	0.020 (0.7340)	-0.439*** (0.000)	-0.363*** (0.000)	-0.101* (0.081)	-0.071 (0.219)	-0.385*** (0.000)	1						
FDI	0.167*** (0.004)	0.609*** (0.000)	0.516*** (0.000)	0.479*** (0.000)	0.120** (0.038)	0.614*** (0.000)	-0.408*** (0.000)	1					
R&D	0.256*** (0.000)	0.358*** (0.000)	0.035 (0.542)	0.213*** (0.000)	0.220*** (0.000)	0.198*** (0.001)	-0.371*** (0.000)	0.519*** (0.000)	1				
PerGDP	0.299*** (0.000)	0.443*** (0.000)	0.164*** (0.004)	0.178*** (0.000)	0.224*** (0.000)	0.317*** (0.000)	-0.464*** (0.000)	0.597*** (0.000)	0.739*** (0.000)	1			
EDU	0.316*** (0.000)	0.226*** (0.000)	-0.101* (0.081)	-0.002 (0.972)	0.305*** (0.000)	0.019 (0.731)	-0.336*** (0.000)	0.322*** (0.000)	0.831*** (0.000)	0.826*** (0.000)	1		
DEPEN	0.099* (0.086)	0.143** (0.013)	0.072 (0.213)	-0.028 (0.633)	-0.048 (0.408)	0.183*** (0.002)	-0.128** (0.027)	0.099* (0.088)	0.065 (0.265)	0.178*** (0.002)	0.118** (0.042)	1	
ECS	-0.284*** (0.000)	-0.142** (0.014)	0.015 (0.795)	-0.202*** (0.000)	-0.068 (0.241)	-0.128** (0.027)	0.091 (0.116)	-0.315*** (0.000)	-0.232*** (0.000)	-0.286*** (0.000)	-0.206*** (0.000)	-0.053 (0.357)	1

注：（ ）中为 p 值，*、**、*** 分别为在 10%、5%、1% 的水平下显著。

4.3　理论模型检验与结果分析

4.3.1　直接和调节效应检验

本章的理论模型使用回归分析进行检验，包含直接效应的检验（假设4-1，假设4-2）和调节效应的检验（假设4-3a，假设4-3b，假设4-4a，假设4-4b）。本书先检验直接效应，然后检验调节效应。为了减少多重共线性的影响，在回归分析前对自变量和控制变量进行中心化（Mean-center）分析。基于面板数据的特点，使用固定效应回归模型，主要控制省（直辖市）固定效应和年份固定效应。同时，本书对固定效应和普通回归进行 F 检验比较分析，结果表明固定效应更好，详见表4-5。此外，对固定效应和随机效应进行豪斯曼检验（Hausman-test）比较，结果表明固定效应更适合用作本书，豪斯曼检验结果见表4-5。

表4-5　直接效应检验模型（模型4-1至模型4-6）

变量		模型4-1	模型4-2	模型4-3	模型4-4	模型4-5	模型4-6
自变量	CMCER	0.0223 ** (0.0088)				0.0203 ** (0.0089)	0.0241 *** (0.0089)
	MBER		−0.5373 (0.6555)			−0.3044 (0.6569)	−0.7446 (0.6500)
	INFER			−0.0039 (0.0045)		−0.0041 (0.0040)	−0.0050 (0.0045)
	DSER				0.0007 * (0.0004)	0.0009 ** (0.0004)	0.0007 * (0.0004)
控制变量	FDI	−0.0609 * (0.0352)	−0.0383 (0.0348)	−0.0420 (0.0347)	−0.0591 (0.0363)	−0.0696 * (0.0373)	−0.0802 ** (0.0368)
	R&D	23.0487 *** (6.6300)	21.7681 *** (6.7567)	22.4472 *** (6.6991)	26.5862 *** (7.1119)	20.5654 *** (7.0123)	26.3423 *** (7.0760)
	PerGDP	6.8568 *** (2.1414)	7.9169 *** (2.2634)	7.4309 *** (2.1577)	6.4355 *** (2.2167)	1.8119 (1.7105)	6.7416 *** (2.2923)
	EDU	1.4564 ** (0.6317)	1.4845 ** (0.6386)	1.5189 ** (0.6396)	1.3162 ** (0.6441)	0.4417 (0.6255)	1.3165 ** (0.6374)
	DEPEN	−0.3433 (0.4553)	−0.31620 (0.4607)	−0.2799 (0.4604)	−0.2688 (0.4584)	−0.1177 (0.4287)	−0.3237 (0.4546)
	ECS	0.2954 ** (0.1448)	0.2881 * (0.1466)	0.2816 * (0.1463)	0.2737 * (0.1458)	0.4524 *** (0.1460)	0.3014 ** (0.1445)

续表 4-5

变　量	模型 4-1	模型 4-2	模型 4-3	模型 4-4	模型 4-5	模型 4-6
常数项	53.5663 *** (4.5821)	52.9917 *** (4.6645)	52.7262 *** (4.6236)	51.0131 *** (4.6668)	30.7477 *** (0.8802)	53.4159 *** (4.7049)
省（直辖市）固定	是	是	是	是	是	是
年份固定	是	是	是	是	否	是
混合回归的 F 检验	16.58 ***	16.08 ***	16.09 ***	16.09 ***	15.01 ***	16.62 ***
Hausman 检验					23.71 *** $p = 0.0048$	38.66 *** $p = 0.0001$
F 检验	6.35 ***	5.86 ***	5.87 ***	6.04 ***	7.27 ***	5.68 ***
R^2	0.280	0.270	0.270	0.280	0.220	0.300
修正后的 R^2	0.160	0.140	0.140	0.150	0.100	0.170

注：*、**、*** 分别为在 10%、5%、1% 的水平下显著。（）中为标准误。

4.3.1.1　直接效应检验

对直接效应检验的公式见式（4-2）：

$$GTFP_{i,t} = \beta_0 + \beta_1 \times CMCER_{i,t} + \beta_2 \times MBER_{i,t} + \beta_3 \times INFER_{i,t} + \beta_4 \times$$

$$DSER_{i,t} + \sum_{j=5}^{10} \beta_j \times Ctrls_{i,t} + \mu_i + v_t + \varepsilon_{i,t} \tag{4-2}$$

式中，$GTFP_{i,t}$ 代表省（直辖市）i 在第 t 年时的绿色全要素生产率，其余变量含义类似；$Ctrls_{i,t}$ 代表的是 6 个控制变量；μ_i 与 v_t 分别代表省（直辖市）的固定效应与年份固定效应；$\varepsilon_{i,t}$ 为随机扰动项。

对于模型 4-1 至模型 4-6 的解释：为了检验自变量显著性的稳健性，在模型 4-1 至模型 4-4 中，依次单独放入 4 个自变量，在模型 4-5 至模型 4-6 中，将 4 个自变量全部放入回归模型，模型 4-5 是单向固定效应而模型 4-6 是双向固定效应。这样做的目的是检验各核心变量显著性的稳健性，即检验其是否会受到其他变量以及固定效应的影响。

直接效应检验的回归结果展示在表 4-5 中（模型 4-1 至模型 4-6）。模型 4-1、模型 4-5 和模型 4-6 中 CMCER 的系数均具有统计显著性且为正。然而，MBER 和 INFER 的系数在其相应的模型中都是不显著的。因此，假设 4-1 得到部分支持。同理，模型 4-4、模型 4-5、模型 4-6 中 DSER 的系数均显著且为正，表明假设 4-2 得到了支持。

4.3.1.2　调节效应检验

对 POC 的调节效应检验的公式见式（4-3）：

$$GTFP_{i,t} = \beta_0 + \beta_1 \times CMCER_{i,t} + \beta_2 \times MBER_{i,t} + \beta_3 \times INFER_{i,t} + \beta_4 \times$$
$$DSER_{i,t} + \beta_5 \times POC_{i,t} + \beta_6 \times CMCER_{i,t} \times POC_{i,t} + \beta_7 \times$$
$$DSER_{i,t} \times POC_{i,t} + \sum_{j=8}^{13} \beta_j \times Ctrls_{i,t} + \mu_i + v_t + \varepsilon_{i,t} \qquad (4\text{-}3)$$

式中，$GTFP_{i,t}$ 代表省（直辖市）i 在第 t 年时的绿色全要素生产率，其余变量含义类似；$CMCER_{i,t} \times POC_{i,t}$ 代表第一个交互项（指令控制型环境规制 × 区域政策目标冲突）；$DSER_{i,t} \times POC_{i,t}$ 代表第二个交互项（需求端环境规制 × 区域政策目标冲突）；$Ctrls_{i,t}$ 代表的是 6 个控制变量；μ_i 与 v_t 分别代表省（直辖市）的固定效应与年份固定效应；$\varepsilon_{i,t}$ 为随机扰动项。

对于模型 4-7 至模型 4-9 的解释：同样地，为了稳健性考虑，检验调节效应是否会受到其他变量或交互项的影响，在模型 4-7 中放入第一个交互项，在模型 4-8 中放入第二个交互项，在模型 4-9 中同时放入了第一个与第二个交互项。

对 DNI 的调节效应检验的公式见式（4-4）：

$$GTFP_{i,t} = \beta_0 + \beta_1 \times CMCER_{i,t} + \beta_2 \times MBER_{i,t} + \beta_3 \times INFER_{i,t} + \beta_4 \times$$
$$DSER_{i,t} + \beta_5 \times DNI_{i,t} + \beta_6 \times CMCER_{i,t} \times DNI_{i,t} + \beta_7 \times$$
$$DSER_{i,t} \times DNI_{i,t} + \sum_{j=8}^{13} \beta_j \times Ctrls_{i,t} + \mu_i + v_t + \varepsilon_{i,t} \qquad (4\text{-}4)$$

式中，$GTFP_{i,t}$ 代表省（直辖市）i 在第 t 年时的绿色全要素生产率，其余变量含义类似；$CMCER_{i,t} \times DNI_{i,t}$ 代表第三个交互项（指令控制型环境规制 × 行业国有化程度）；$DSER_{i,t} \times DNI_{i,t}$ 代表第四个交互项（需求端环境规制 × 行业国有化程度）；$Ctrls_{i,t}$ 代表的是 6 个控制变量；μ_i 与 v_t 分别代表省（直辖市）的固定效应与年份固定效应；$\varepsilon_{i,t}$ 为随机扰动项。

对于模型 4-10 至模型 4-12 的解释：与之前类似，为了稳健性考虑本研究在模型 4-10 中放入第三个交互项，在模型 4-11 中放入第四个交互项，在模型 4-12 中同时放入了第三与第四个交互项。

调节效应检验的回归结果展示在表 4-6 中（模型 4-7 至模型 4-12）。由于 $MBER$ 和 $INFER$ 在直接效应检验中都显著，因此在调节效应检验中未进行分析，本书检验交互项的显著性。为了检验 POC 这个变量的调节效应，创建了 $CMCER \times POC$ 和 $DSER \times POC$ 这两个交互项。为了检验 DNI 这个变量的调节效应，创建了 $CMCER \times DNI$ 和 $DSER \times DNI$ 这两个交互项。模型 4-7 和模型 4-9 中 $CMCER \times POC$ 的系数在统计上均不显著，表明假设 4-3a 暂时没有得到支持。对应模型中 $DSER \times POC$ 的系数显著为负，表明假设 4-3b 得到了支持。同理，$CMCER \times DNI$ 和 $DSER \times DNI$ 的系数均显著，且 $CMCER \times DNI$ 的系数为负，$DSER \times DNI$ 的系数为正。因此，假设 4-4a 没有得到支持，假设 4-4b 得到了支持。

表 4-6 调节效应检验模型（模型 4-7 至模型 4-12）

变量		模型 4-7	模型 4-8	模型 4-9	模型 4-10	模型 4-11	模型 4-12
		POC 作为调节变量			DNI 作为调节变量		
自变量	CMCER	0.0166 * (0.0099)	0.0229 ** (0.0091)	0.0176 * (0.0099)	0.0212 ** (0.0087)	0.0243 *** (0.0086)	0.0219 ** (0.0086)
	MBER	−0.7103 (0.6612)	−0.7147 (0.6586)	−0.7409 (0.6578)	−0.6295 (0.6372)	−0.5240 (0.6354)	−0.6376 (0.6315)
	INFER	−0.0038 (0.0045)	−0.0052 (0.0044)	−0.0041 (0.0045)	−0.0047 (0.0043)	−0.0052 (0.0043)	−0.0041 (0.0043)
	DSER	0.0008 * (0.0004)	−0.0005 (0.0007)	−0.0003 (0.0007)	0.0006 (0.0004)	0.0038 *** (0.0014)	0.0037 *** (0.0014)
调节变量和交互项	POC	−0.5198 (0.9883)	0.2175 (0.7849)	−0.5837 (0.9837)			
	CMCER × POC	0.0025 (0.0016)		0.0022 (0.0016)			
	DSER × POC		−0.0014 ** (0.0007)	−0.0013 * (0.0007)			
	DNI				0.4099 ** (0.1819)	0.6126 *** (0.1695)	0.4525 ** (0.1813)
	CMCER × DNI				−0.0011 ** (0.0005)		−0.0011 ** (0.0005)
	DSER × DNI					0.0002 ** (0.0001)	0.0002 ** (0.0001)
控制变量	FDI	−0.0711 * (0.0372)	−0.0788 ** (0.0366)	−0.0713 * (0.0370)	−0.0736 ** (0.0365)	−0.0573 (0.0362)	−0.0689 * (0.0363)
	R&D	23.7095 *** (7.2580)	26.8293 *** (7.1249)	24.9499 *** (7.2487)	17.7561 ** (7.1982)	22.1585 *** (7.0607)	18.7460 *** (7.1465)
	PerGDP	5.8224 ** (2.3551)	6.8443 *** (2.2903)	6.1258 ** (2.3479)	6.1557 *** (2.2382)	6.5039 *** (2.2290)	6.0057 *** (2.2192)
	EDU	1.3931 ** (0.6382)	1.4105 ** (0.6357)	1.4625 ** (0.6358)	1.0354 *** (0.6235)	1.2369 ** (0.6261)	1.1794 * (0.6209)

续表4-6

变　量		模型 4-7	模型 4-8	模型 4-9	模型 4-10	模型 4-11	模型 4-12
		POC 作为调节变量			DNI 作为调节变量		
控制变量	DEPEN	− 0.3331 (0.4551)	− 0.3569 (0.4535)	− 0.3485 (0.4528)	− 0.2697 (0.4426)	− 0.3011 (0.4432)	− 0.3278 (0.4393)
	ECS	0.3238 ** (0.1471)	0.2788 * (0.1452)	0.3079 ** (0.1465)	0.3572 ** (0.1412)	0.3194 ** (0.1409)	0.3431 ** (0.1400)
常数项		47.9113 *** (6.3696)	55.3188 *** (4.9373)	49.7931 *** (6.4119)	44.0142 *** (5.1434)	49.4305 *** (4.8859)	45.4272 *** (5.1329)
省（直辖市）固定		是	是	是	是	是	是
年份固定		是	是	是	是	是	是
F 检验		5.29 ***	5.41 ***	5.27 ***	6.24 ***	6.24 ***	6.31 ***
R^2		0.310	0.310	0.320	0.340	0.340	0.360
修正后的 R^2		0.170	0.180	0.180	0.210	0.210	0.230

注：*、**、*** 分别为在 10%、5%、1% 的水平下显著。( ) 中为标准误。

　　为了更加清晰地展示调节效应，参考 Liu 等的研究，本书绘制了系数显著的交互项的调节效应，如图 4-2 ~ 图 4-4 所示。

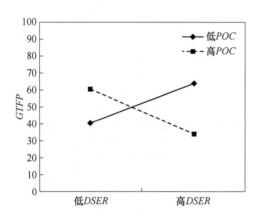

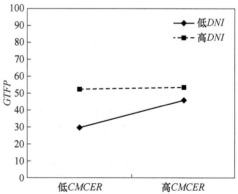

图 4-2　POC 在 DSER 和 GTFP 之间的
调节效应
（假设 4-3b 得到了支持）

图 4-3　DNI 在 CMCER 和 GTFP 之间的
调节效应
（假设 4-4a 没有得到支持，但是交互项的
系数反向显著，表现出与原假设相反的
调节效应）

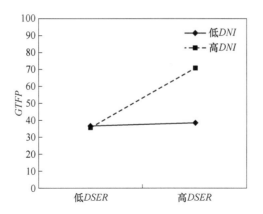

图 4-4　DNI 在 DSER 和 GTFP 之间的调节效应

（假设 4-4b 得到了支持）

4.3.2　调节效应进一步检验

尽管 CMCER × POC 的系数在交互项检验中在统计上不显著，但本书并没有直接得出不支持假设 4-3a 的结论。这可以通过对交互项的严格假设来解释（所有控制变量的系数在两组中没有差异（调节变量值较高的组和值较低的组），这两组的残差项相同分布），因此本书采取其他检验方法。分组回归，尤其是费舍尔组合检验（Fisher's Permutation test），假设条件不那么严格，因而具有更强的检验能力。在这种情况下，本书采用分组回归分析假设 4-3a。本书选择 POC 作为分组变量。为达到两组观测次数的平衡，取值为 0 ~ 3 的 POC 设为第 1 组（低水平的 POC，共 147 个样本）；取值为 4 ~ 18 的 POC 设为第 2 组（高水平的 POC，共 153 个样本）。在分组回归中，重点是比较两组的系数。费舍尔组合检验具有良好的适用性，本书可以通过重复取样的自助抽样（Bootstrap）分析方法获得最终的经验 p 值。由此可以判断两组间系数差异是否显著，从而判断调节效应的显著性。这种方法已被广泛使用。

对分组回归进行检验的公式见式（4-5）：

$$GTFP_i = \beta_0 + \beta_1 \times CMCER_i + \beta_2 \times MBER_i + \beta_3 \times INFER_i + \beta_4 \times$$

$$DSER_i + \sum_{j=5}^{10} \beta_j \times Ctrls_{i,t} + \mu_i + \varepsilon_i \tag{4-5}$$

式中，$GTFP_i$ 代表省（直辖市）i 的绿色全要素生产率，其余变量含义类似；$Ctrls_{i,t}$ 代表的是 6 个控制变量；μ_i 与 v_t 分别代表省（直辖市）的固定效应与年份固定效应；ε_i 为随机扰动项。

对于模型 4-13 至模型 4-15 的解释：模型 4-13 与模型 4-14 是属于同一个分组回归，他们使用的是同一个回归方程。不同点在于模型 4-13 的样本属于低水平的 POC，而模型 4-14 的样本是高水平的 POC。模型 4-15 则是通过 Bootstrap 方法对比这一分组回归的系数显著性差异。

依次对低水平的 POC 组（模型 4-13）和高水平的 POC 组（模型 4-14）进行回归，对两组各变量系数差异进行检验（Bootstrap = 3000 次，模型 4-15），研究结果见表 4-7。通过表 4-7 可以发现 CMCER 的系数在两组之间差异显著，并且在高水平的 POC 组中的系数较低，本书认为假设 4-3a 得到支持。然而，由于其交互项的显著性不够强，可以得出假设 4-3a 得到弱支持的结论。

表 4-7　分组回归及系数对比（模型 4-13 至模型 4-15）

变 量		模型 4-13	模型 4-14	模型 4-15		
		（低 POC）	（高 POC）	$b_{低POC} - b_{高POC}$	频次	经验 P 值
自变量	CMCER	0.066 *** (0.024)	0.015 (0.010)	0.051 *	196	0.065
	MBER	− 1.087 (1.813)	− 0.479 (0.884)	− 0.609	1831	0.390
	INFER	− 0.028 ** (0.011)	− 0.000 (0.004)	− 0.027 *	2805	0.065
	DSER	0.004 ** (0.002)	0.000 (0.001)	0.004	790	0.263
控制变量	FDI	0.105 (0.098)	− 0.056 (0.040)	0.161	427	0.142
	R&D	20.623 * (11.394)	− 6.036 (11.186)	26.658	933	0.311
	PerGDP	− 5.648 ** (2.827)	7.816 *** (2.365)	− 13.464 **	2878	0.041
	EDU	2.048 ** (0.964)	0.735 (0.897)	1.313	568	0.189
	DEPEN	− 0.493 (0.561)	− 0.010 (0.634)	− 0.483	2342	0.219
	ECS	0.613 *** (0.203)	0.641 ** (0.317)	− 0.028	1533	0.489
常数项		34.826 *** (5.791)	28.992 *** (2.676)	1.442	1179	0.393
省（直辖市）固定		是	是			
F 检验		5.41 ***	4.95 ***			
R^2		0.330	0.290			
数量		147	153			

注：*、**、*** 分别为在 10%、5%、1% 的水平下显著。( ) 中为标准误。

4.3.3 稳健性检验

本书使用 Tobit 模型进行稳健性检验。由于本书中因变量的最大值为 100，为有限因变量。在本书中，只有 21 个观测值的因变量为 100（占 7%），不会严重影响回归结果。尽管如此，该因变量的数据特征属于截断的回归模型。在此基础上，本研究采用右侧被截断的 Tobit 模型进行稳健性检验，并将 Tobit 模型与模型 4-9 和模型 4-12 的回归结果进行比较，比较结果如表 4-8 所示。

对 Tobit 回归进行检验的公式见式（4-6）~式（4-9）：

$$GTFP_{i,t}^* = \beta_0 + \beta_1 \times CMCER_{i,t} + \beta_2 \times MBER_{i,t} + \beta_3 \times INFER_{i,t} +$$
$$\beta_4 \times DSER_{i,t} + \beta_5 \times POC_{i,t} + \beta_6 \times CMCER_{i,t} \times POC_{i,t} +$$
$$\beta_7 \times DSER_{i,t} \times POC_{i,t} + \sum_{j=8}^{13} \beta_j \times Ctrls_{i,t} + \mu_i + v_t + \varepsilon_{i,t} \quad (4-6)$$

$$GTFP_{i,t} = \begin{cases} 100 & \text{如果} \quad GTFP_{i,t}^* \geqslant 100 \\ GTFP_{i,t}^* & \text{如果} \quad GTFP_{i,t}^* < 100 \end{cases} \quad (4-7)$$

式中，$GTFP_{i,t}$ 是一个潜变量，其取值由 $GTFP_{i,t}^*$ 根据式（4-7）决定；$GTFP_{i,t}$ 代表省（直辖市）i 在第 t 年时的绿色全要素生产率，其余变量含义类似；$Ctrls_{i,t}$ 代表的是 6 个控制变量；μ_i 与 v_t 分别代表省（直辖市）的固定效应与年份固定效应；$\varepsilon_{i,t}$ 为随机扰动项。式（4-7）代表了一个右侧被截断的模型。

对于 Tobit（4-1）模型与模型 4-9 的解释：为了更进一步的稳健性考虑，本书使用的 Tobit（4-1）模型可以更有效地估计系数，而结果可以与没有考虑截断的回归即模型 4-9 相对比，检验是否有显著差异。

式（4-8）、式（4-9）与式（4-6）、式（4-7）同理：

$$GTFP_{i,t}^* = \beta_0 + \beta_1 \times CMCER_{i,t} + \beta_2 \times MBER_{i,t} + \beta_3 \times INFER_{i,t} + \beta_4 \times$$
$$DSER_{i,t} + \beta_5 \times DNI_{i,t} + \beta_6 \times CMCER_{i,t} \times DNI_{i,t} + \beta_7 \times$$
$$DSER_{i,t} \times DNI_{i,t} + \sum_{j=8}^{13} \beta_j \times Ctrls_{i,t} + \mu_i + v_t + \varepsilon_{i,t} \quad (4-8)$$

$$GTFP_{i,t} = \begin{cases} 100 & \text{如果} \quad GTFP_{i,t}^* \geqslant 100 \\ GTFP_{i,t}^* & \text{如果} \quad GTFP_{i,t}^* < 100 \end{cases} \quad (4-9)$$

式中，$GTFP_{i,t}$ 是一个潜变量，其取值由 $GTFP_{i,t}^*$ 根据式（4-9）决定；$GTFP_{i,t}$ 代表省（直辖市）i 在第 t 年时的绿色全要素生产率，其余变量含义类似；$Ctrls_{i,t}$ 代表的是 6 个控制变量；μ_i 代表省（直辖市）的固定效应；$\varepsilon_{i,t}$ 为随机扰动项。式（4-9）代表了一个右侧被截断的模型。

Tobit（4-2）模型与模型 4-12 的解释：同样地为了稳健性考虑，结果可以与没有考虑截断的回归即模型 4-12 相对比是否存在显著差异。

根据表 4-8，各变量的系数没有显著差异，表明本研究的结果是稳健的。

表 4-8 **Tobit 回归（右侧截断的模型）对比模型 4-9 和模型 4-12**

变 量		Tobit (4-1)	模型 4-9	显著性改变	Tobit (4-2)	模型 4-12	显著性改变
		POC 作为调节变量			DNI 作为调节变量		
自变量	CMCER	0.0187 * (0.0096)	0.0176 * (0.0099)	否	0.0242 *** (0.0084)	0.0219 ** (0.0086)	否
	MBER	− 0.8019 (0.6417)	− 0.7409 (0.6578)	否	− 0.7168 (0.6155)	− 0.6376 (0.6315)	否
	INFER	− 0.0038 (0.0044)	− 0.0041 (0.0045)	否	− 0.0040 (0.0042)	− 0.0041 (0.0043)	否
	DSER	0.0007 (0.0021)	− 0.0003 (0.0007)	否	0.0050 *** (0.0017)	0.0037 *** (0.0014)	否
调节变量和交互项	POC	− 0.5637 (0.9647)	− 0.5837 (0.9837)	否			
	CMCER × POC	0.0026 (0.0016)	0.0022 (0.0016)	否			
	DSER × POC	− 0.0015 * (0.0008)	− 0.0013 * (0.0007)	否			
	DNI				0.4871 *** (0.1767)	0.4525 ** (0.1813)	否
	CMCER × DNI				− 0.0013 *** (0.0005)	− 0.0011 ** (0.0005)	否
	DSER × DNI				0.0002 ** (0.0001)	0.0002 ** (0.0001)	否
控制变量	FDI	− 0.0812 ** (0.0363)	− 0.0713 * (0.0370)	否	− 0.0802 ** (0.0355)	− 0.0689 * (0.0363)	否
	R&D	26.4620 *** (7.0676)	24.9499 *** (7.2487)	否	19.8294 *** (6.9448)	18.7460 *** (7.1465)	否
	PERGDP	6.6070 *** (2.3255)	6.1258 ** (2.3479)	否	6.5864 *** (2.1798)	6.0057 *** (2.2192)	否
	EDU	1.4496 ** (0.6179)	1.4625 ** (0.6358)	否	1.1164 * (0.6028)	1.1794 * (0.6209)	否
	DEPEN	− 0.3957 (0.4419)	− 0.3485 (0.4528)	否	− 0.3606 (0.4282)	− 0.3278 (0.4393)	否
	ECS	0.3403 ** (0.1434)	0.3079 ** (0.1465)	否	0.3837 *** (0.1373)	0.3431 ** (0.1400)	否

续表 4-8

变 量	Tobit (4-1)	模型 4-9	显著性改变	Tobit (4-2)	模型 4-12	显著性改变
	POC 作为调节变量			DNI 作为调节变量		
常数项	46.0558 *** (9.7268)	49.7931 *** (6.4119)	否	41.3100 *** (8.7550)	45.4272 *** (5.1329)	否
省（直辖市）固定	是	是		是	是	
年份固定	是	是		是	是	
F 检验		5.27 ***			6.31 ***	
R^2		0.320			0.360	
修正后的 R^2		0.180			0.230	
LR 卡方	378.13 ***			396.28 ***		
伪决定系数 R^2	0.140			0.150		

注：*、**、*** 分别为在 10%、5%、1% 的水平下显著。Tobit 回归（右侧截断的模型）对比模型 4-9 和模型 4-12 没有显著性差异。

4.3.4 假设检验结果

本研究的假设及假设检验的情况汇总在表 4-9 中。

表 4-9 本章假设检验结果

假设编号	假 设	是否支持假设
假设 4-1	传统环境规制与建筑行业的绿色全要素生产率正相关	部分支持
假设 4-2	需求端环境规制与建筑行业的绿色全要素生产率正相关	支持
假设 4-3a	区域政策冲突负向调节了传统环境规制与建筑行业绿色全要素生产率的相关关系	弱支持
假设 4-3b	区域政策冲突负向调节了需求端环境规制与建筑行业绿色全要素生产率的相关关系	支持
假设 4-4a	行业国有化程度正向调节了传统环境规制与建筑行业绿色全要素生产率的相关关系	不支持（反向显著）
假设 4-4b	行业国有化程度正向调节了需求端环境规制与建筑行业绿色全要素生产率的相关关系	支持

4.4 讨论与管理启示

4.4.1 结果讨论

4.4.1.1 对直接效应的讨论

根据表 4-9，假设 4-1 得到了部分支持。指令控制型环境规制与建筑行业的绿色全要素生产率显著正相关，而基于市场型的环境规制和非正式环境规制与绿色全要素生产率并没有显著的相关关系。在对于工业部门的研究中，指令控制型这一最传统形式的环境规制被认为可以提高能源效率和绿色全要素生产率，并且促进绿色技术的创新。本书的实证结果使前人的结论在建筑行业得到了延伸。这基本上可以解释为，指令控制型环境规制中的排放标准或技术标准要求能够鼓励建筑企业及其业务相关企业开发绿色技术和科技。

基于市场型的环境规制对于降低城市环境污染，提高环境绩效方面是显著的，但是由于行业异质性的存在，它对不同行业的环境影响具有异质性。在工业部门，市场型环境规制在提高能源效率方面作用是显著的，甚至比指令控制型环境规制的效果更好。然而，在建筑行业中最有效的仍然是指令控制型规制，排污费和碳交易等经济手段的作用是有限的。产生这种差异的根本原因在于，不同行业的成本结构不同。工业部门的排放成本对利润影响较大，足以刺激企业为了降低长期成本而进行技术创新。然而，这些手段虽然产生一定的成本（按比例增加企业单位产出的可变成本），但不足以刺激能导致成本效率的创新。来自欧盟一些地区的建筑部门的案例研究表明，没有"精心设计"的经济手段（如生产投入产出税）甚至会阻碍企业的创新。本书的实证研究以中国为背景，结果也支持了上述结论，即基于市场型的环境规制在激励建筑企业做出改变方面的作用是有限的。

非正式型手段对环境绩效的影响在以往的研究中是有争议的，有研究认为即便效果较弱或生效较慢，其也是有效的，也有研究认为它在降低污染方面没有明显效果，甚至有研究发现它对建筑行业绿色技术效率表现出负向影响。显然，本书的结果支持了傅京燕的研究。这可能是由于相对于发达国家，中国的非正式环境规制主体以公民为主，环保组织的成熟度还比较低。公民在环境投诉时往往更注重建设项目对自身的影响，而不是整个社会的可持续发展的影响。对于建筑企业而言，非正式环境规制带来的压力会迫使他们采取措施，但是这些措施往往局限于洒水降尘，设置隔音设备，改变污水排放的路线等，只是改变污染物排放的方式以尽可能地不影响到周边群众，并不会在本质上减少污染物的排放。综上所述，在三种传统环境规制中，只有指令控制型环境规制对建筑行业的绿色全要素生产率起到了有效的促进作用，通过对建筑企业施加制度压力而帮助实现全行业的可持续发展。

根据表 4-9，假设 4-2 得到了支持，即需求端环境规制与建筑行业绿色全要素生产率正相关。首先，这一结论支持了 Testa 等的理论，即绿色政府采购是一项基于市场机制而设计的环境政策且执行力度合理，它给了建筑企业获得新客户（政府部门）和市场份额（政府采购合同）的机会，因而能得到它们在绿色升级方面积极的反馈。另一方面，这一结果在建筑行业的角度支持了 Majerník 和 Ma 等的观点，即绿色政府采购作为一种环境政策工具，对于减少建筑行业环境污染、提高绿色全要素生产率、实现建筑行业可持续发展以及绿色供应链的建立具有积极的作用。综上所述，需求端环境规制以政府对绿色工程的需求为出发点帮助建筑行业提高绿色全要素生产率的可持续发展目标。

4.4.1.2 对调节效应的讨论

根据表 4-9，假设 4-3a 得到了弱支持，假设 4-3b 得到了支持。区域政策冲突负向调节了指令控制型环境规制和需求端环境规制与建筑行业绿色全要素生产率的正相关关系。以往研究中国家可持续发展实验区对改善环境绩效的作用总是积极的，本书却得到了不同的结果。本书认为这与研究视角有关。之前文献从环保部门工作人员的知识视角出发，发现国家可持续发展实验区政策由于可以激励政府部门工作人员的环保意识，从而有助于促进公共部门的绿色行为，然而本书从政策冲突导致的资源分配不均衡视角出发，发现当下部分地区设立的国家可持续发展实验区由于对经济发展关注度较高，导致当地政府对环保问题的重视度不够，对经济发展的过多关注忽略了对环保的关注。这是对中国不同的可持续发展政策之间的相互影响的探讨。

行业国有化程度负向调节了指令控制型环境规制与绿色全要素生产率的正相关关系，与假设 4-4a 相反。然而，在需求端环境规制与绿色全要素生产率的正相关关系中，行业国有化程度起到正向调节作用，这支持了假设 4-4b。也就是说，行业国有化程度高会降低指令型环境规制的有效性，进而提高需求端环境规制的有效性。本书认为这种截然相反的结果是基于两种环境规制对企业的作用机制不同而产生的，具体讨论如下。

指令控制型和需求端环境规制均表现出对建筑行业碳排放效率的提升，但前者给企业带来的直观感受是"经济利益的减法"，而后者却是"经济利益的加法"。这是因为，不只是指令控制型规制，所有类型的传统规制的目的都是通过给企业施加压力，迫使企业减少污染，带来的直接影响都是增加成本、减少收益或降低生产率，并未给企业展示出提升长期收益的清晰途径。然而，需求端环境规制目的是通过利益的驱使，给企业提供绿色升级的长期动力，它可以让企业面临成本增加的同时，也可以预见到未来可能的收益增长，那就是获得新的优质客户——政府。对于国有建筑企业而言，来自指令控制型规制的压力更小而受到需求端规制的激励更大。因此建筑行业国有化程度表现出对前者的负向调节而对后者的正向调节作用。

相对于民营企业，指令控制型环境规制带来的"经济利益减法"的压力在国有建筑企业中会弱化。本书从以下三个方面对此进行解释。

第一，指令控制型规制中的环境要求可能与国有企业错配。在 10 家进入世界 500 强的中国工程与建筑企业中，9 家都是国有企业。这反映出与民营企业相比，国有企业无论是资金、技术均处于建筑业领先地位。然而指令控制型规制中的环境标准属于强制性国家标准，是建造中应遵守的底线，技术地位领先使企业更有可能倾向于参照更高的行业或企业标准。因此国有建筑企业虽然有义务出于企业社会责任而更多地履行环保义务，但更多的是参照更高的环境标准进行建造，而较少受到指令控制型环境规制的约束被迫减少污染。

第二，国有企业更有可能减轻禁令与处罚。国有企业不但拥有政府背景，而且综合实力比较雄厚，这些优势使它们更有可能中标一些政府规划的优先工程项目。这些优先项目大多对技术要求更高，对工期要求更严格。为了保证顺利完成这些项目，地方政府可能会默认承包方一些特权（比如大气污染严重期不停工等）①，这在一定程度上减轻或避免了承揽这些工程的国有企业因违反强制性环境政策而受到处罚。此外，指令控制型环境规制的执行人员往往是政府官员，国有企业高管大多有过政府任职经历或与政府官员的关系密切，更容易由于腐败而逃避或减轻环境处罚。

第三，国有企业对经济利益减法的抗风险能力更强。指令控制型规制的环保处罚或停工禁令会减少企业的利润，增加违约风险，降低企业年度绩效，减少股东收益，对于那些支付能力较弱的中小型非国有建筑企业来说甚至会使它们有破产的风险。然而对于国有企业而言，与环境规制相关的大型固定成本所带来的规模经济使遵守环境规制的成本会比较低。甚至对于国有企业，即使遭受环保处罚，较少的经济利益损失也难以促使它们为之做出整改。综上所述，国有企业有能力在一定程度上降低指令控制型规制带来的压力，这导致了在行业国有化程度较高的省（直辖市）中，此类环境规制的有效性减弱。

相对于民营企业，国有企业对需求端环境规制带来的"经济利益加法"预期可能更加乐观。本书从中国的政府采购工程的市场特点对此进行解释：尽管中国的经济改革更加强调公平性，但政府资源依旧偏爱国有企业。例如，总投资约

① 数据来源：北京市大气污染综合治理领导小组关于印发《〈京津冀及周边地区 2017—2018 年秋冬季大气污染综合治理攻坚行动方案〉北京市细化落实方案》的通知。

718.64亿元人民币（110.9亿美元）的四川省天府国际机场建设项目拟申报三星级绿色建筑。这一超大规模的政府采购绿色工程项目的主要标段的承建建筑企业全部为国有企业，包括中建集团、中冶集团、中交集团等。相反，政府资源对非国有企业的意识形态歧视导致它们在获取政府采购工程合同的竞争中长期处于不利地位。也就是说，非国有建筑企业即便达到了政府采购绿色工程要求的环保等级，也由于缺乏政府关系较难被授予合同。根据计划行为理论，行动者更愿意做成功率高的行动。因此国有与非国有企业在政府资源获取方面竞争地位的悬殊导致了在政府采购绿色工程项目中国有企业参与度更高且竞争更加激烈。出于对利润的追求，国有企业对需求端的环境规制的响应会更加积极，更有动力实施绿色行为。而非国有企业则不太愿意为了迎合政府采购绿色工程而做出改变，因为他们认为自己几乎没有获得订单的机会。

综上所述，一方面，行业国有化程度越高的地区指令控制型环境规制的效果越弱。这是因为国有建筑企业拥有政府关系、较高的技术水平，以及较强的经济实力等资源禀赋，削弱了指令控制型环境规制的约束性，不利于提升行业的可持续发展水平。然而另一方面，行业国有化程度越高的地区需求端环境规制的效果越强。这是因为国有建筑企业拥有政府采购的资源倾斜，这增强了需求端环境规制（绿色政府采购）的激励作用，使得国有建筑企业更愿意为了获得政府采购合同而进行绿色升级，有利于实现行业的可持续发展目标。因此，需要辩证地看待建筑行业的国有制程度对于行业可持续发展目标的利与弊。这种辩证的观点也支持了资源基础理论，即设计精妙的环境规制会提升企业竞争力，但提升程度受到不同企业（本研究中为国有企业与非国有企业）获得和使用资源能力的影响。

本书的学术贡献如下。

第一，本书检验了传统环境规制对绿色全要素生产率的影响。以往相关研究大多关注其对城市环境绩效影响或对工业部门的影响。本书将环境规制的研究拓展到了建筑业并得到了不同的结果，那就是传统环境规制中只有指令控制型规制对绿色全要素生产率有显著的有效性。

第二，本书基于政府在应对环境问题方面角色的转变，探索了以绿色政府采购为代表的需求端环境规制的有效性。本书以建筑业为背景，发现了绿色政府采购作为一种需求端环境规制对绿色全要素生产率的显著的促进作用。本书不仅推进了现存环境规制领域的研究，而且也为绿色政府采购领域，尤其是其有效性的研究提供了新的证据，也响应了 Cheng 等的号召。

第三，基于中国建筑业的特点，本书揭示了环境规制的影响机制。以往研究关于环境规制对行业的影响大多只关注直接作用，缺少对影响机制的探讨。本书发现了以国家可持续发展实验区为代表的区域政策冲突对环境规制与绿色全要素生产率之间关系的负向调节作用，这一结果与以往研究中发现的可持续发展实验区的正向调节作用不同。此外，本书发现了行业国有化程度会降低指令控制型规制的有效性，进而增强需求端规制的有效性。

第四，正如第三点中所述的行业国有化程度的不同调节效应，本书据此深入探讨并对比了两种环境规制的差别。指令控制型规制的影响力主要体现在"经济利益的减法"，而需求端规制的影响力主要体现在"经济利益的加法"，国有建筑企业可以缓解前者带来的压力且从后者中获得更强的动力。这些发现为今后进一步创新环境规制与政策提供了参考，同时也对政策如何制约与促进国有企业的绿色行为提出了新的挑战。

4.4.2　本章政策建议

虽然指令控制型规制的确有效，但是也应避免盲目加大规制力度，而应该发挥多种环境规制协同作用。因此，本书建议政策制定者可以从以下角度进一步促进建筑行业的绿色全要素生产率以实现建筑行业的可持续发展目标。

第一，政策制定者应调整基于市场型环境规制对建筑行业的调节力度。本书发现市场型环境规制还不能有效地提高建筑行业的绿色全要素生产率，而这种差异的合理解释是由于不同行业的成本结构不同，不能采用一刀切的市场调节方式。目前的环境保护税以污染物排放量为计税依据，在不同行业间没有异质性。因此政策制定者应谨慎考虑调整基于市场型环境规制在建筑行业的调节力度（如修改环保税在建筑行业的计税方式），发挥出以经济手段刺激建筑企业减少污染的有效性，进而实现建筑行业的可持续发展目标。

第二，政策制定者应鼓励建立环保组织，增强非正式型环境规制的约束力。非正式环境规制在建筑业没有起到预期的效果，这是因为目前中国的非正式环境规制仍以个人监督者为主体。个人更加关注建造过程对自身生活环境的影响而非对整体环境的影响，因此他们的环保监督并没有在本质上减少建造过程的污染，而是把污染排放到了监督者看不到的地方。因此，政策制定者可以参考发达国家的模式，重视以保护环境为目的的环保组织的建立与运营，并赋予它们一定的环保监督权。环保组织的监督作用可以约束建筑行业的不环保行为，从而促进建筑行业可持续发展目标的实现。

第三，政策制定者应在政府采购绿色工程中加强对建造过程的环保性要求，并将其中的绿色建造标准向外界推广。一方面，政府采购绿色工程政策需要进一步关注并加强应对建筑行业的环境与能源问题，并提高相应绿色标准，充分发挥出需求端环境规制的示范引领作用。另一方面，政府部门应将政府采购绿色工程的绿色建造标准向外界积极推广，以便民营招标方和建筑企业参考，进而促进整个建筑业的可持续发展。

　　第四，政策制定者应平衡政府采购绿色工程对国有建筑企业的资源倾向，为非国有企业提供更多机会。政府采购可以通过政策倾斜来扶持中小企业发展，然而在工程采购项目上却没有得到明显的体现。因此政策制定者应将对中小企业的政策倾斜也延伸到工程类采购项目上，使用政府采购充分激励民营建筑企业的发展。在政府采购绿色工程项目上给予企业公平的竞争机会不仅可以激励国有建筑企业，也能激励非国有企业共同进行绿色创新，这样才能够全面促进全行业的可持续发展。

5 环境规制对建筑行业省级 碳排放强度的影响

在上一章中，本书聚焦于宏观层面，从省级建筑行业绿色全要素生产率的视角探讨了环境规制对绿色建造的影响。本章将把研究对象由建筑行业绿色全要素生产率延伸到碳排放强度，继续聚焦于宏观的省级分析视角探索环境规制与绿色建造的关系。碳排放导致的气候变化问题已持续成为世界面临的重大挑战，许多国家都设定了减少碳排放的目标。建筑行业作为中国经济的支柱产业，在当前节能减排的大环境下，经济增长必须与碳排放等环境效益之间达到平衡。根据绿色建造的定义，减少排放是绿色建造的核心目的之一。因此，本章采用建筑行业碳排放强度代表某个省（直辖市）整体的绿色建造程度。

第3章和第4章探索了传统及需求端这两类政策工具明确、执行规制清晰的环境规制对绿色建造的影响。为了更好地达成碳达峰和碳中和的承诺与目标，创新地采用了一些模糊型的环境政策为未来低碳发展的道路积累可供推广的实践经验，典型的如近年来逐渐受到学者关注的低碳试点政策、零碳城市政策等，本书将他们统称为模糊型环境规制。

一方面，模糊型环境规制对建筑行业减碳的执行机制仍未可知。以学者们广泛关注的低碳试点政策为例，中央政府在制定政策时只提供了模糊的国家目标，采取宏观和指导性的表述，给予地方政府一定的自主空间，允许它们自行制定政策目标以及探索执行路径。也就是说，模糊型环境规制依靠"自上而下"的授权，从地方政府形成"自下而上"的探索性实施。然而，该政策是如何一步步落实到建筑行业并发挥减碳效果仍有待厘清。

另一方面，关于模糊型环境规制对建筑行业减碳效果的定量评估研究仍比较少。目前关于低碳试点政策有效性的研究仍主要集中在地区层面，即探讨对试点地区环境绩效、地区全要素生产率以及制度创新的有效性，缺少关于具体行业方面的研究。然而，建筑行业作为传统的碳密集行业，长期以来都是环境规制的重点关注领域，也是低碳试点政策的重点关注对象。因此，模糊型环境规制对降低建筑行业碳强度的具体效果仍有待评估。

针对以上两方面的研究缺憾，本章再次回顾本书提出的研究问题三。即模糊型环境规制对建筑行业减碳的执行机制是什么？在考虑其他环境机制影响的基础上，模糊型环境规制是否能有效降低建筑行业的碳排放强度？为了回答以上的研究问题，本章首先采用案例分析的研究方法探索模糊型环境规制对建筑行业的执行机制。其次，基于执行机制的分析结果并结合以往的研究，提出本章的假设，构建理论模型。最后，使用省级面板数据，运用 PSM-DID 这一定量研究方法进行理论模型检验。本章接下来的安排是执行机制研究、假设建立与理论模型、理论模型检验与结果分析、讨论与管理启示以及本章小结。

5.1 执 行 机 制

5.1.1 理论视角

府际关系是模糊型政策的基础性理论。本书从府际关系理论出发，探究低碳试点政策的执行规律。正如诺顿·朗所言，"权力是行政管理的生命线"，纵向府际权力关系的配置无疑是国家治理和公共政策活动的重要基础。改革开放以来，中央政府与地方政府之间的权力关系发生了重大而深刻的变革，单纯的"集权—分权"模式已难以准确描述中国纵向的府际关系配置，中央不再追求"全能型政府"的集权模式，而采取了选择性集权、多元化分权、差异化放权等多种策略，这有效地平衡了中央集权与地方分权的张力，处理好了政策统一性和地方自主性的关系，调动了中央政府和地方政府两个主体在国家治理实践中的积极性。

在不同的政策领域国家采取了不同的权力模式：在有些政策领域，采取集权程度高的强中央模式，强调中央的"顶层设计"和对地方的控制；在有些政策领域，采取集权程度低的强地方模式，中央将权力下放给地方，给予地方充分的自主权；在有些政策领域，则采取议价模式，在强调中央控制的同时，给予地方一定的自主空间。即便是在同一政策领域，随着时间的变化，在不同的时间段内，中央与地方的权力配置也会呈现出显著的差异。模糊型环境规制正是这种体系模式的具体表现：低碳试点政策体现出了中央与地方之间集权与分权的程度差异，在实践中，多数试点政策中央采取宏观和指导性的表述，虽然有些试点政策中央表述相对清晰，但依然具有较大的模糊空间，因而，在实践中试点政策表现出不同程度的模糊性。

在政策执行领域，模糊性既属于一种不可忽略的变量，也是一种惯用的决策技巧和策略。模糊性的存在：一方面增加了低碳试点政策执行的弹性空间，激发了地方政府创新执行的动力；另一方面，模糊性也可能导致低碳试点政策误读，引发试点政策执行失灵、失真甚至失败，进而影响试点机制的作用。政策模糊本身复杂且处于一个动态的变化之中，不仅体现在政策模糊程度的历时变化，更重要的是体现公共政策要素的模糊性。要从政策的模糊性视角分析试点政策的执行机制，选择恰当的标准对政策模糊属性进行判断就尤为必要。

本书从政策要素中选取出一重要的关键因素——政策工具，作为判断环境政策模糊性的标准。原因如下：

（1）如上文所言，中央与地方治理同政策的手段控制差异体现了纵向府际关系权力配置的差异，进而导致试点政策模糊性的差异，政策工具与此相对应；

（2）相较于其他政策要素，政策工具是政策模糊性的最重要的体现之一，马特兰德认为政策执行中的模糊性有许多表现，但大致可分为政策目标模糊和政策工具模糊两类，然而模糊型环境规制体现出了绿色发展的政策目标，却并未展现出清晰的政策工具；

（3）政策实现目标手段的清晰度是影响政策执行的重要变量，自上而下的政策执行模型更是认为政策目标直接影响政策的成功与否，而特定的技术和工具则是将目标转化为现实的关键。

因此，本书试图从模糊型环境规制政策工具的模糊性角度出发分析低碳试点政策对建筑行业减碳的执行机制。

5.1.2　方法介绍

由于政策自身的模糊性特征导致其定义、评价体系及发展目标均不清晰，这使其执行机制变得复杂，传统的定量研究方法难以充分反映现实，采用基于案例的扎根理论方法做定性研究可能是一个更好的选择。案例研究方法是管理学研究的基本方法之一，它通过对少数个案进行全面、深入、客观的分析，以"分析式归纳"的方式，找到一些未被发现的新变量和关系，进而建构新的理论。案例研究可以用于描述、解释和探索事物等多种研究目的，但最适合的是回答"如何"和"为什么"的问题，即案例研究尤其适用于探究事物发生的机制、机理、路径及其影响因素。本书聚焦于低碳试点政策执行过程中执行主体会采取怎样的行为以及试点政策的执行机制，属于"如何"的问题。因此，具有从实践到理论特征的案例研究更适合于本书所关注的问题。在案例研究领域中，扎根理论由于其独特的优越性而成为越来越受研究者推崇的分析方法，本章将参考扎根理论的研究步骤开展研究。

5.1.3　数据收集

5.1.3.1　案例选择

在案例数量方面本研究参考了 Eisenhardt 的观点，即采用多案例研究方法至少需要选择 4 个案例才能得到可推广的结论。本书在前两批省级低碳试点中选取了北京市、陕西省、重庆市与广东省作为案例分析对象。选择理由如下：

（1）北京、陕西、重庆与广东在地理位置上分别位于中国的东北方向、西北方向、西南方向以及东南方向，在一定程度上可以兼顾不同地理方位的地方政府的差异性与代表性；

（2）北京是中国的首都且是全国的政治中心，广东省经济发达，而陕西省和重庆市分别在西北和西南地区都有较高的政治地位和经济地位，它们在一定程度上可以兼顾不同社会经济条件地方政府的差异性与代表性；

（3）这4个试点的数据资料相对较为完整，能够满足本书的需要。

5.1.3.2 数据收集

在资料收集方面，为了保证资料的信度和效度，根据三角验证原则，本书采用多样化的资料来源，使得资料间能够相互补充与验证。具体而言主要包括以下几个方面：

（1）案例省（直辖市）政府部门出台的关于低碳试点的政策文件，在资料获取上主要来源于地方政府网站以及生态环境部门、发展和改革委员会、住房和城乡建设委员会网站等；

（2）案例省（直辖市）关于低碳试点的新闻报道，资料来源于当地主流媒体的新闻报道；

（3）深度访谈所获取的访谈记录。根据访谈对象的可及性，作者在2021年7月，对重庆市负责低碳试点政策的相关工作人员进行了半结构化访谈。访谈提纲列举了低碳试点政策的落实途径、执行主体和政策效果等几大引导性问题。同时期对北京市、陕西省及广东省的相关人员进行了线上访谈。用于本研究的资料共481份，具体见表5-1。以重庆市为例，部分资料清单见表5-2。

表5-1　案例研究资料数量　　　　　　　　　　　　　　　　（份）

地　区	北京市	陕西省	重庆市	广东省
政策文件	129	102	50	29
新闻报道	46	10	8	95
访谈记录	3	3	3	3
合计	178	115	61	127

表5-2　重庆市低碳试点政策案例研究部分资料示例

材料类型	发布时间	名　　称	发文机构
政策文件	2012.09.08	重庆市"十二五"控制温室气体排放和低碳试点工作方案	重庆市政府
	2014.05.28	重庆市碳排放配额管理细则（试行）	重庆市发改委
	2015.08.24	重庆市加强节能标准化工作实施方案	重庆市政府
	……	……	……

材料类型	发布时间	名　　称	发文机构
新闻报道	2010.08.24	重庆发展七大产业打造低碳经济	中国建材报
	2011.01.26	重庆城博会将主打"绿色低碳牌"	中国建设报
	2013.04.11	绿色低碳、美丽重庆	重庆日报
	……	……	……
访谈记录	2021.07.12	重庆市低碳试点政策工作人员访谈记录	无

5.1.4　案例分析

　　在资料分析部分，采用内容分析法对所搜集的各种资料进行编码，得出核心范畴。本书采用"自下而上"的编码方式，参考扎根理论的理论建构策略，通过不断比较，将原始资料概念化、范畴化，最终归纳出所需要的基本类属。本书借助 Nvivo12 软件进行文本分析，经过三级编码后最终得到低碳试点政策在试点省（直辖市）建筑行业执行的编码结果，见表 5-3。

表 5-3　低碳试点政策在建筑行业执行的编码结果

序号	核心范畴	主范畴	初始范畴
1	试点省（直辖市）水平支持	加强低碳教育	全民环境教育；培养节能意识；营造低碳社会氛围；传播低碳理念、观念、意识；把节能低碳和循环经济理念纳入教育体系和公务员培训体系
		鼓励低碳技术	鼓励低碳技术创新；通过技术手段提高能源和水资源利用率；推广现代能源新技术应用；推动节能环保技术成果的转化和应用
		完善环境标准	实施地方环保标准；制定重点行业、重点用能设备节能及能耗限额相关标准；制定工业、建筑、交通运输等领域节能低碳相关标准；制定机动车及车用燃油标准
		加强环境监管	建立环境监管领导小组；建设生态环境监测网络；加强空气监测；加强群众参与度
		实施经济激励	实施用能阶梯价格；鼓励碳交易；增加碳汇
		量化低碳目标	全省碳排放强度目标量化；区县节能目标分解
		多层嵌套示范	建设低碳宜居区域；建立低碳园区、社区；建立环保示范区；建立生态特色小镇

序号	核心范畴	主 范 畴	初 始 范 畴
1	试点省（直辖市）水平支持	公开环境信息	建立企业环境信息公开统一平台；进行环保表彰；公布重点监管对象环境信息
		进行产业优化	优化产业结构；建立环保产业；环保产业集群发展；重点生态功能区产业准入限制
		进行能源优化	优化能源结构；使用清洁能源；提高能效
2	建筑行业垂直支持	加强低碳建造教育	建设项目管理人员低碳培训；建筑工人节能培训
		鼓励低碳建造技术	鼓励建造技术低碳创新；鼓励工程竣工环境保护验收技术创新
		完善建筑行业环境标准	规范建设项目环境评价标准；制定绿色建筑设计标准；制定低碳施工标准；制定高排放施工机械认定标准；制定环境保护验收的程序和标准；制定施工扬尘控制和道路保洁标准
		加强建筑行业环境监管	工地全面实施电子监控；严格控制混凝土粉尘
		对建筑企业实施经济激励	绿色建筑补贴；绿色建筑奖励；绿色建筑税收优惠

由表 5-3 可知，试点地区对于建筑行业减碳的路径可以划分为水平支持路径与垂直支持路径。水平支持路径能给所有的行业、企业或个人带来外部性，而垂直路径政策仅针对建筑行业中的企业或个人，并非面向所有的行业和部门。从表 5-3 中可以看出，加强低碳教育、鼓励低碳技术、完善环境标准、加强环境监管、实施经济激励这 5 条政策执行路径在针对建筑行业时细化为了加强低碳建造教育、鼓励低碳建造技术、完善建筑行业环境标准、加强建筑行业环境监管、对建筑企业减碳实施经济激励这 5 条垂直支持路径，具备目标明确、行业针对性强的特征。同时，量化低碳目标、多层嵌套示范、公开环境信息、进行产业优化、进行能源优化这 5 条政策执行路径通过影响试点省（直辖市）整体的节能减排环境而实现建筑行业的减碳，因此构成了对建筑行业减碳的水平支持路径。因此，低碳试点政策对建筑行业减碳是水平支持路径与垂直支持路径双轨交叉的执行机制，如图 5-1 所示。

5.1.5 结果讨论

在中国现有的政治体制下，为了充分调动中央与地方两个主体在国家治理中的积极性，中央采用了多样化的权力分配方式，在低碳试点政策中，给予地方巨大的自由裁量权，这使得模糊性成为低碳试点政策的本质属性。然而，在低碳试

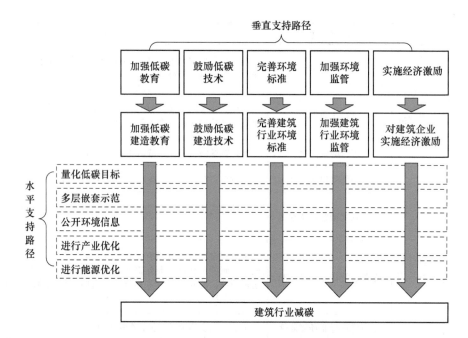

图 5-1　低碳试点政策对建筑行业减碳的执行机制

点政策刚提出的时候，政策要素并不清晰、明确，只是提出了新的愿景、明确了政策使命和定位。在这种情境下，要将低碳试点政策落实到位，必须经过一系列复杂的动态过程。通过执行机制分析的结果表明，低碳试点政策对建筑行业减碳实施了水平支持路径和垂直支持路径交叉的执行机制。其中，水平支持路径反映了地方政府在探索中形成的多管齐下全方位实施的特征，垂直支持路径反映了模糊型环境规制通常要经历由国家的顶层战略到区域的政策制定，再到具体微观领域的政策传导机制。接下来对本书的结果与以往研究进行对比讨论。

　　一方面，执行机制分析的结果支持了以往对低碳试点政策影响机制的研究。以往低碳试点政策影响机制相关研究中提到的嵌套示范、产业优化、低碳技术等地区层面的重要影响路径在建筑行业层面均得到了体现。此外，Liu 等认为目标责任制是降低低碳试点工业园区碳排放强度的重要工作机制。本书得到的量化目标这一水平支持路径支持了这一结论。

　　另一方面，一些研究中提到的低碳试点政策对地区层面减碳的可能影响路径在本书的结果并没有得到体现，如外商直接投资、科研投资与创新等。这可能是由于这些路径是在政策执行的过程中带来的溢出效应，而不是政策原本预期的结果。最后，执行机制分析的结果还反映了以往学者们对低碳试点政策的政策制定者的建议正在逐步实施。如 Li 等建议在低碳试点中引入更多的约束和激励措施，包括财政政策和税收政策等配套政策。以及 Liu 等建议要加快淘汰落后产业，优化产业间结构，以及制定更详细的排放测量方法和行业排放限制等。这些建议在本书得到的水平及垂直支持路径中分别得到了体现。

5.2 假设建立与理论模型

5.2.1 假设建立

从政策支持的角度来看，执行机制研究的结果反映出，政府为了将低碳化发展理念融入建筑企业的经营理念中并使其践行低碳发展方式，制定了一系列水平和垂直支持政策。低碳试点政策的目的在于确保实现控制温室气体排放的目标与推动绿色低碳发展，各试点地区为确保试点取得积极成效，认真贯彻落实了试点工作要求。以垂直支持路径中的经济激励为例，地方政府部门借助上级政府赋予的自主性进行大胆探索和制度创新，开展税收减免、财政补贴、贷款贴息、专项资金支持与人才激励等多种形式的激励，帮助企业拓宽融资渠道；银行等金融机构视受政府支持和补贴的企业获取了政府隐性担保，对其降低信贷门槛。政府帮扶和金融机构的支持对企业的融资约束起到平滑作用，有效缓解了企业融资约束，建筑企业将获取的资金用于优化组合生产要素，对施工工艺与技术设备进行绿色改良，积极进行技术革新和提高资本配置效率，建筑行业的碳排放强度会因良好的金融和制度环境支撑得到有效降低。

从建筑企业的角度来看，有限理性人假说认为，低碳试点政策能够强化企业对自身资本配置效率低下的认知，为企业提高资本配置效率提供了可行的改进方向。建筑企业作为低碳试点建设的重要参与者和贡献者，也是降低碳排放的主要力量。低碳试点政策聚焦于如何发展清洁高效的生产方式，推进绿色低碳的消费模式，形成绿色低碳循环的产业体系以实现"碳达峰、碳中和"的发展目标。在低碳试点政策的约束下，高排放和低生产效率的建筑企业的碳减排成本可能逼近甚至超过企业正常的经营收益，此时，企业面临搬迁、提高资源利用效率、合并转让或者停产退出的抉择，理性的企业会基于长期经济利益的考量，选择提高资本配置效率，减少或消除环境成本压力，在市场竞争的大环境下，整个建筑行业的碳强度也会得到降低。

从政治合法性的角度来看，地方政府以低碳试点为契机，在政策创新方面积极展现出争先和自主的一面，以此提升政治合法性。中国低碳试点政策由于具备政策模糊性的特征，表现出对企业的弱约束性与弱激励性。政治合法性体现在企业和中央政府对地方政府合法性的认同上，企业相关行为会因合法性认同受到规范和约束，而地方政府则通过合法性认同从中央政府获取资源要素和相关领域的政策扶持。因此，建筑企业通过实际碳减排行动来达到地方政府的目标与要求，在与地方政府的良好互动中获取多种形式的补偿，进而通过流程再造、流程优化来提高低碳生产能力，这会使整个建筑行业形成低碳经济的良性循环。综合以上三点，本书认为模糊型环境规制可以降低建筑行业的碳排放强度，故提出以下假设。

假设 5-1：模糊型环境规制可以有效降低试点地区建筑行业的碳排放强度。

5.2.2 理论模型

除了模糊型环境规制之外，本书还从其他环境规制和地区与行业特点这两个方面确定了影响建筑行业碳排放强度的 11 个因素作为控制变量。传统及需求端环境规制对减碳的有效性在以往研究中多次得到验证，因此本书选取了第 3 章和第 4 章探讨过的 4 类环境规制（指令控制型环境规制、基于市场型环境规制、非正式型环境规制及需求端环境规制）作为本书的控制变量。不仅如此，以往研究还发现试点地区的经济、社会特征和建筑行业的特点也会对行业的碳排放强度有一定的影响，本书从中选取了 7 个常见因素作为控制变量。综上所述，本章的理论模型如图 5-2 所示。

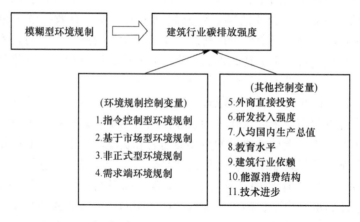

图 5-2 本章的理论模型

5.3 理论模型检验与结果分析

5.3.1 检验模型构建

本节使用回归方法中常用来分析政策有效性的倾向得分匹配双重差分（PSM-DID）方法进行理论模型检验。对于低碳试点政策是否能够有效降低建筑行业碳排放强度的问题，本书将低碳试点方案视为一项准实验，采用 PSM-DID 方法来进行探究。该方法被广泛认为是研究准自然实验或评估外部冲击（如经济危机、政治动荡或政策执行）影响的合理方法，多次被应用于探究政策的实施效果。PSM-DID 方法可主要分为倾向得分匹配（PSM）步骤与双重差分（DID）分析步骤，具体相关的原理本书不再赘述，读者可参考以上提到的参考文献。

本书设置"是否低碳试点"的虚拟变量将样本分为实验组和对照组。本书重点关注第一批低碳试点省（直辖市），按照是否是低碳试点省（直辖市）区域，将中国 30 个省（直辖市）分成了 7 个实验组（广东省、辽宁省、湖北省、陕西省、云南省、天津市、重庆市）和 23 个控制组。本书设置"政策实施前后"的时间虚拟变量以区别政策实施前后的样本。本书以 2008—2017 年 10 月为样本期，借鉴相关学者对此类问题的做法，以省（直辖市）是否设立低碳试点的年份为节点，构造低碳试点省（直辖市）设立的时间虚拟变量。接下来，本书进行 PSM-DID 分析并进而估计出政策实施带来的净效益。具体公式设定见式（5-1）：

$$CI_{i,t} = \alpha + \beta \times LCPP \times T_{i,t} + \gamma \times \sum Ctrls_{i,t} + \mu_i + v_t + \varepsilon_{i,t} \qquad (5\text{-}1)$$

式中，$CI_{i,t}$ 为因变量，表示第 i 个省（直辖市）第 t 年建筑行业的碳排放强度；$LCPP \times T_{i,t}$ 为核心自变量，对于实验组的省（直辖市）$LCPP$ 的值设置为 1，对照组省（直辖市）设置为 0；实施低碳试点政策该年及之前的年份（2011 年及以前），时间虚拟变量 T 的值设置为 0。对于实施后的年份，T 的值设置为 1；$Ctrls_{i,t}$ 表示一系列控制变量；μ_i 与 v_t 分别代表省（直辖市）的固定效应与年份固定效应；$\varepsilon_{i,t}$ 为随机扰动项；β 为核心估计参数，代表低碳试点政策对建筑行业碳排放强度的净效应。根据前文的讨论，该参数的预期结果应该是显著且为负的，表明政策实施后试点省（直辖市）建筑行业的碳排放强度降低。

5.3.2 数据收集

本书均使用省级面板数据作为二手研究数据，数据来源及收集方法同第 4 章，详见 4.2.1 节。

5.3.3 变量测量与描述性统计

由式（5-1）可知，本书的因变量为建筑行业的碳排放强度（CI）。参考 Lu 等的研究，CI 的值是建筑业二氧化碳排放量与建筑业总产值的比值（%）。其中建筑业二氧化碳排放量按照式（4-1）来计算，各计算基数来自《中国能源统计年鉴》。建筑业总产值来自《中国统计年鉴》。本书中变量 CI 的均值为 25.91，标准差为 19.62。

由式（5-1）可知，本书的关键自变量为 $LCPP \times T_{i,t}$，表示第 i 个省（直辖市）第 t 年 LCP 政策的实施状态。

本书共 11 个控制变量，它们的描述性统计见表 5-4 和表 5-5。

表 5-4　控制变量——环境规制

变量	缩写	测量方法	参考文献	均值	标准差
指令控制型环境规制	CMCER	地方政府支出的环境保护投资数额	Xie 等，2017	243.34	199.69
基于市场型环境规制	MBER	地方政府征收的排污费数额	Guo 等，2017	6.597	5.221
非正式型环境规制	INFER	污染和环境相关问题的投诉信数量	Li 和 Ramanathan，2018	233.44	311.59
需求端环境规制	DSER	以"省（直辖市）名""政府采购""环境标志产品"作为搜索关键词，选取对应的年份，使用百度搜索引擎统计同时包含这三个关键词的网页数量	Testa 等，2011 Zmihorski 等，2013	207.94	2521.3

表 5-5　控制变量——试点地区的经济、社会特征与建筑行业特点

变量	缩写	测量方法	参考文献	均值	标准差
外商直接投资	FDI	本省（直辖市）外商直接投资的金额	Xie 等，2017	73.768	75.847
研发投入强度	R&D	本省（直辖市）研发支出金额与国内生产总值的比值	Guo 和 Yuan，2020 Fu 等，2021	1.511	1.075
人均国内生产总值	PerGDP	本省（直辖市）人均国内生产总值	Li 和 Ramanathan，2018	4.465	2.372
教育水平	EDU	本省（直辖市）大专学历人数与6岁以上总人数的比值	Wang 和 Lei，2020	11.884	6.896
建筑行业依赖	DEPEN	本省（直辖市）建筑行业增加值与国内生产总值的比值	Xie 等，2017	7.193	2.282
能源消费结构	ECS	本省（直辖市）建筑行业煤炭消耗量与总能源消耗量的比值	Shen 等，2019	9.877	11.161
技术进步	TP	采用本省（直辖市）全要素生产力指数（FPI）作为代理变量。使用 DEA 方法来进行计算，投入变量建筑行业固定资产投资和建筑行业从业人数，产出变量为建筑行业增加值	Zhou 等，2019	45.96	26.25

5.3.4 结果分析

5.3.4.1 PSM 结果

参考 Becker 和 Lchino 的研究，本书选用一对一最近邻匹配方法对样本进行匹配，剔除影响结果的不合理样本。匹配的分数如图 5-3 所示。匹配前样本数为 300，匹配后剩余 96 个样本进行下一步分析。本书将 PSM 平衡性检验结果列入表 5-6。从表 5-6 中可以看出，自变量与控制变量在匹配后在 T 检验中均不存在显著性差异，说明本书使用 PSM 方法的合理性。

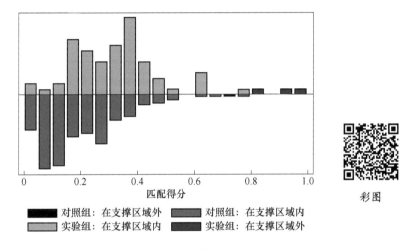

匹配得分

■ 对照组：在支撑区域外　　■ 对照组：在支撑区域内
■ 实验组：在支撑区域内　　■ 实验组：在支撑区域外

彩图

图 5-3　样本匹配得分

表 5-6　倾向得分匹配平衡性检验结果

变量	U 或 M	均　值		偏误	简化偏误	T 检验	
		实验组	对照组			t	$p > t$
CI	U	34.59	23.27	52.4	26.3	4.35	0.00
	M	35.36	27.02	38.6		2.27	0.03
CMCER	U	115.83	102.94	17.8	52.0	1.34	0.181
	M	109.32	103.13	8.6		0.52	0.603
MBER	U	6.05	6.76	−15.1	76.4	−0.99	0.322
	M	6.01	5.84	3.6		0.23	0.821
INFER	U	351.71	197.45	41.8	61.8	3.70	0.000
	M	291.99	233.08	16.0		1.19	0.237
DSER	U	112.58	236.97	−6.0	−317.9	−0.36	0.718
	M	117.61	637.48	−25.0		−0.81	0.421

续表 5-6

变量	U 或 M	均　值		偏误	简化偏误	T 检验	
		实验组	对照组			t	$p > t$
FDI	U	97.62	66.51	39.3	98.1	3.05	0.003
	M	94.72	94.13	0.7		0.04	0.966
R&D	U	1.77	1.43	36.5	65.8	2.35	0.019
	M	1.76	1.88	−12.5		−0.66	0.509
PerGDP	U	4.91	4.33	24.1	34.3	1.79	0.075
	M	4.87	5.24	−15.8		−0.80	0.422
EDU	U	12.51	11.69	12.8	−21.1	0.87	0.384
	M	12.59	13.59	−15.5		−0.75	0.455
DEPEN	U	7.04	7.24	−8.5	−87.9	−0.64	0.522
	M	7.14	6.77	15.9		0.91	0.366
ECS	U	10.34	9.74	5.4	−361.3	0.39	0.693
	M	9.66	12.43	−24.7		−1.32	0.188
TP	U	43.68	46.66	−11.2	−77.7	−0.83	0.406
	M	42.68	37.39	19.9		1.30	0.196

注：U 代表未匹配的，M 代表匹配的。

5.3.4.2　DID 结果

在经过 PSM 后，本书继续进行 DID 分析。综上所述，DID 中的核心关注在于交互项（$LCPP \times T$）的显著性以及符号的判断。根据面板数据的结构，本书使用了三种回归模型进行 DID 的分析，分别如下：

（1）随机效应广义线性回归（GLS）模型（控制年份效应），该回归结果展示在表 5-7 中的模型 5-1；

（2）单向固定效应回归模型（不控制年份效应），该回归结果展示在表 5-7 中的模型 5-2；

（3）双向固定效应回归模型，该回归结果展示在表 5-7 中的模型 5-3。

从表 5-7 中可以清晰地看出，本研究核心关注的交互项（$LCPP \times T$）在三种回归中均显著且为负。结果显示假设 5-1 通过了检验，即低碳试点政策确实有效降低了试点省（直辖市）的碳排放强度。

5.3.5　稳健性检验

为了提高本书结果的稳定性，本书进行了多种稳健性的检验。主要内容如下。

表 5-7　DID 结果

变量	模型 5-1			模型 5-2			模型 5-3		
	系数	标准误	z 值	系数	标准误	t 值	系数	标准误	t 值
核心自变量 LCPP×T	-12.515	3.147	-3.98***	-6.991	2.813	-2.48**	-13.619	3.528	-3.86***
控制变量——其他环境规制 CMCER	-0.031	0.026	-1.18	-0.047	0.031	-1.51^	-0.026	0.030	-0.86
MBER	1.095	0.685	1.60^	1.292	0.915	1.41^	2.395	0.906	2.64^
INFER	-0.009	0.004	-2.10**	-0.003	0.004	-0.94	-0.010	0.005	-2.24**
DSER	0.0002	0.0003	0.88	0.0003	0.0002	1.16	0.0002	0.0003	0.69
FDI	-0.034	0.023	-1.51^	-0.016	0.023	-0.71	-0.029	0.025	-1.16
R&D	3.110	4.122	0.75	4.755	6.221	0.76	6.485	6.129	1.06
控制变量——经济、社会特征与建筑行业特点 PerGDP	-0.049	1.649	-0.03	-3.791	1.674	-2.26**	-1.879	1.919	-0.98
EDU	0.284	0.495	0.57	0.121	0.562	0.22	0.203	0.558	0.36
DEPEN	-0.917	1.357	-0.68	-3.911	1.474	-2.65**	-1.286	1.635	-0.79
ECS	0.315	0.133	2.37**	0.333	0.151	2.20**	0.273	0.147	1.85*
TP	0.033	0.068	0.48	0.022	0.074	0.29	0.073	0.079	0.93
Cons.	34.15	14.84	2.30**	65.38	13.15	4.97***	37.15	16.73	2.22**
省份固定	是			是			是		
年份固定	是			否			是		
平方检验	219.9***			—			—		
F 检验	—			13.48***			9.83***		
R^2	0.790, 0.030, 0.127			0.730, 0.001, 0.04			0.850, 0.001, 0.010		

注：^、*、**、*** 分别为在 15%、10%、5%、1% 的水平下显著。R^2 中的数值分别代表组内 R^2，组间 R^2，总体 R^2。

（1）由于国家在发布试点政策之前就会鼓励相关省（直辖市）进行申报准备，因此本书将政策时间点前移一年。

（2）由于党的十八大提出了保护生态环境的"五位一体"战略方针，因此本书加入了 2013 年作为虚拟变量，以降低此政策对结果的影响。

（3）考虑到国家在 2013 年发布了第二批低碳省（直辖市）试点，包括北京、上海、海南省。因此本书使用了多时点的 DID 方法对两批低碳试点省（直辖市）进行共同分析。

（4）为了确认确实是低碳试点政策所起作用，本书假设控制组（随机选取 7 个控制组省（直辖市））实施低碳试点政策而实验组没有实施低碳试点政策。

经过以上分析后，稳健性检验 1-3 的结果显示交互项（$LCPP \times T$）的显著性以及符号没有发生变化。同时，稳健性检验 4 的结果显示交互项不显著了。由此可以看出本书的结论是比较稳健的。由于篇幅限制，稳健性检验的具体结果与表格未在本书正文中展示。

5.4　讨论与管理启示

5.4.1　结果讨论

本章的研究结果表明，模糊型环境规制的实施可以降低建筑行业的碳排放强度，假设 5-1 得到了支持。本书的结果支持了以往学者提出的模糊型环境政策能够有效帮助中国实现低碳目标的观点。本书将低碳试点政策的有效性聚焦到建筑行业，得到了与地区层面相符的结果。从经济人的理论视角来看，这一结果反映了低碳试点政策为当地的建筑企业提供了更多通过环保获取经济利益的渠道，这能够充分激励建筑企业践行绿色建造。除此之外，本书认为，正是由于模糊型环境规制政策效果显著且灵活性强，与其他清晰的环境规制相比，它可能会存在更强的空间溢出效应，具体分析如下。

（1）低碳试点政策可能会促进周边区域的绿色建造。首先，根据熊彼特的创新理论，科技创新的最后一步是技术扩散，低碳试点区域的绿色建造技术通过溢出效应、示范竞争效应、关联效应带动了周边区域的技术进步，从而促进建筑行业的绿色建造。其次，相邻的区域自然资源、能源禀赋具有一定的相似性，低碳试点区域根据资源禀赋制定的绿色建造规划可供周边区域复制或借鉴，而且对温室气体编制的核算清单和建立的管理体系可供周边区域的建筑企业学习模仿，为政府制定减排计划提供依据，进而促进其生态效率的提升。

（2）低碳试点政策可能不利于周边区域的生态效率。首先，环境规制可能提高了污染企业的生产成本，促使其进行产业转移，环境规制强度较为宽松的周边区域成为承接产业转移的主阵地，虽然短期的"收入效应"提升了周边区域的社会福利水平，但污染产业的长期生产必将恶化生态效率。其次，低碳试点政策对低碳区域建设的支持手段体现为财政支持、金融支持、人力资本支持等，试点区域则有可能成为政策洼地，对周边区域的财政、资本、人力资本产生虹吸效应，不利于周边区域的基础设施建设、人力资本积累等，将会对其生态效率产生不利影响。

本书的学术贡献如下：

（1）本书以低碳试点政策为例探讨了模糊型环境规制对建筑行业减碳的具体执行机制。不同于以往研究仅把地区作为一个整体，本书将低碳试点政策的执行机制细化到建筑行业领域。不同于以往研究中仅从理论层面探索低碳试点政策对环境绩效的主要影响路径并进行实证检验，本书采用扎根理论研究这种定性研究方法更加全面地展示出了低碳试点政策对建筑行业减碳的每一条执行路径，以案例分析的微观角度完善了以往相关研究，打破了宏观政策在微观层面的研究壁垒。

（2）本书探讨了模糊型环境规制对建筑行业碳排放强度的影响。不同于以往研究中仅关注政策对试点地区的整体影响，本书将研究重点聚焦于政策对建筑行业的有效性。本书在考虑了传统环境规制和需求端环境规制带来的影响的前提下，发现了低碳试点政策环境规制在建筑行业中的显著效果，这不仅是建筑行业领域的先锋研究，更为建筑行业通过试点实现减碳的思路提供了有力支持。从另一个角度来说，本书也将该类环境规制的有效性研究从地区视角拓展到了具体的行业视角，可供未来其他行业的研究提供参考。

5.4.2 本章政策建议

为了能使模糊型环境规制更好地对绿色建造发挥作用，助力碳中和与可持续目标，本书给出以下建议。这些建议不仅适用于中国，也可为其他减碳目标的国家的决策者所参考。

（1）制定模糊型环境规制的同时建立恰当的考核体系。以低碳试点政策为例，它更强调"进入"，即某个省（直辖市）/城市想要加入这个项目必须满足一些标准，然而中央及地方政府对"进入"试点项目后的表现却缺少进一步的评估和考核。"重申报、轻落实"的现象，"落实"已成为阻碍模糊型环境规制有效实施的关键环节。因此在申报过程中，各城市应从上层设计入手，制定详细的分阶段、分部门实施方案；在监督过程中，各级政府应及时跟踪，给予有效的支持指导与定时监督，在要求试点区域定期上报进展情况的同时，不定期进行实地考察，组织专家进行工作指导。此外，政策制定者应分地区分行业考核其减碳成果，尤其是对于建筑行业等重点行业，并将考核结果与地方官员的绩效相结合。

（2）在执行模糊型环境规制时应考虑不同地区的差异性。虽然模糊型环境规制在中央层面政策大方向是一致的，即以缓解环境问题为核心目的。然而，由于政策模糊性的问题，它对于不同区域的绿色发展道路并未给出差异化的指示，这需要各执行区域根据自身特征采取差异化的执行方式。以低碳试点政策为例，未来应充分考虑如何从区域协同的角度减少碳排放，推动区域层面的减排政策的制定和实施。东部地区是中国人口规模最大、经济活力最强、经济密度最高的区域，其人口和经济的集聚效应、规模效应、溢出效应远高于中、西部地区，应充分发挥区域优势，形成区域间协同的低碳减排战略，大力推进建筑行业的减排。中部和西部地区可通过区域化的低碳战略来协调区域内建筑行业的生产要素配置，促进区域内建筑行业上下游产业的低碳转型的，从而缩短经济发展与碳排放同步增长的周期，加快碳排放与经济发展脱钩的进程。

（3）应进一步鼓励模糊型环境规制的探索性实施。中国虽提前实现曾经承诺的减碳目标，然而"碳达峰"和"碳中和"的远期目标还面临着巨大的挑战。因此，对于模糊型环境规制中的低碳试点政策，在区域经济联系日益密切的背景下，应考虑试点的总体布局和规划，充分发挥试点的空间"污染光环效应"，促进区域间高层间的对话，逐渐形成区域网络，由"低碳城市"构成"低碳城市群"，为中国实现碳减排承诺作出贡献。此外，除了要将试点的经验推广到全国范围之外，本书还建议政策制定者考虑开展进一步的试点工作。如设立"碳中和试点"等，以试点的形式为达成"碳达峰"和"碳中和"目标积累经验。又如模仿"低碳工业园区"等行业目标性较强的政策，制定"低碳建筑示范城市"等针对建筑行业的模糊型环境政策。

6 总 结

建筑行业的绿色建造问题一直是全世界学者们普遍关注的议题,环境规制作为中国政府制定用来解决环境问题的重要手段,其对绿色建造的影响相关的研究还不够充分。基于此,本书以制度理论作为整体理论框架,从微观的绿色工程项目管理视角以及宏观的省级视角分别探究环境规制对绿色建造的影响。

本书聚焦于三个研究内容:

(1) 本书探究了环境规制对项目经理绿色工程项目管理行为的影响及影响机制,这是从项目管理的微观视角出发对建筑行业的绿色建造进行研究(第3章);

(2) 本书探讨了环境规制对建筑行业绿色全要素生产率的影响以及两个重要因素的调节作用,这是从省级分析的宏观视角出发对建筑行业的绿色建造进行研究(第4章);

(3) 本书探讨了环境规制对建筑行业碳排放强度的影响及其中模糊型环境规制的执行机制,这同样是从省级分析的宏观视角出发对建筑行业的绿色建造进行研究(第5章)。

6.1 研 究 结 论

第一,本书采用扎根理论方法对项目经理的访谈记录进行分析,并构建了项目经理的感知环境规制与他们的绿色工程项目管理行为之间关系的理论模型,其中项目经理的情感变革承诺为中介变量,项目的成本约束、工期约束和质量约束为调节变量。通过调查问卷收集研究数据,并通过回归方法进行理论模型检验。结果表明,情感变革承诺在项目经理的感知传统环境规制与他们的绿色工程项目管理行为之间有中介效应,成本约束在感知传统环境规制和情感变革承诺的关系中起负向调节效应,工期约束在情感变革承诺和绿色工程项目管理行为的关系中起负向调节效应。该部分研究基于组织变革理论探讨了传统环境规制对项目经理绿色工程项目管理行为的影响机制,并厘清"三重约束(成本、工期和质量)"在其中的影响,揭露了目前项目管理绩效评估体系的不均衡性以及项目经理薪资结构的不合理性,研究结论为绿色工程项目管理领域提供新的知识。

第二,本书构建了环境规制与建筑行业绿色全要素生产率之间的关系的理论模型，并在考虑了中国的制度特征和建筑行业特征的基础上，将区域政策冲突和行业国有化程度作为调节变量。使用省级面板数据作为研究数据，并通过回归方法进行理论模型检验。结果表明，无论传统环境规制还是需求端环境规制均可以正向影响建筑行业的绿色全要素生产率；区域政策冲突起到负向调节作用；行业国有化程度对传统环境规制与绿色全要素生产率之间的关系起到负向调节作用，对需求端环境规制与绿色全要素生产率之间的关系起到正向调节作用。该部分研究基于政府在缓解环境问题方面角色的转变，探索了以绿色政府采购为代表的需求端环境规制对建筑行业绿色全要素生产率的有效性，这再次验证了波特假说。本书基于资源基础理论辩证地讨论了国有制对环境规制有效性的积极或消极的影响，以及区域内政策冲突导致的社会资源分配对环境规制的削弱性，这也为今后中国背景的相关研究提供了理论基础。

第三，本书选取 4 个低碳试点省（直辖市）作为案例，将案例省（直辖市）与低碳试点相关的政策文件、新闻资料、访谈记录作为分析资料，采用扎根理论研究方法进行定性分析。结果表明模糊型环境规制通过水平支持路径和垂直支持路径结合的执行机制实现了建筑行业减碳。从垂直支持的角度来看，加强低碳建造教育、鼓励低碳建造技术、完善建筑行业环境标准、加强建筑行业环境监管以及对建筑企业实施经济激励是实现建筑行业碳排放强度降低的 5 个路径。从水平支持的角度来看，低碳试点省（直辖市）量化低碳目标、多层嵌套示范、公开环境信息、进行产业优化、进行能源优化是另外 5 个路径。在厘清执行机制的基础上，对环境规制与建筑行业碳排放强度之间的关系构建了理论模型。使用省级面板数据作为研究数据，并通过 PSM-DID 方法进行理论模型检验，结果表明在考虑了其他环境规制影响的基础上，模糊型环境规制可以有效降低建筑行业的碳排放强度。本书从府际关系基础上所形成的政策模糊属性出发，深入分析了试点政策的执行机制，突破了试点研究的宏观范式，丰富了中国政策执行的本土化理论。此外，本书检验了模糊型环境规制对建筑行业减碳的有效性，为今后模糊型环境政策的进一步完善和发展提供了理论依据。

6.2　管　理　启　示

基于以上研究结果，本书总结以下几点管理启示。

第一，政策制定者应对目前的传统环境规制进行进一步完善。首先，对于指令控制型环境规制，监管部门应采取措施对建筑工地开展实时监测，如在建设项目中推广污染物排放实时监测设备，以提高环境监管的严格程度。其次，对于基于市场型环境规制，政策制定者应进一步完善环保税征收制度。政策制定者尽快实现税务部门专业化征管、细化应税污染物清单、修改环保税在建筑行业的计税方式等，以更高效地发挥出以经济手段刺激建筑企业减少污染的有效性。最后，对于非正式型环境规制，应进一步鼓励环保组织的建设。地方政府应吸取发达国家的经验支持专业民间环保组织的建立，并对它们授予一定的监管权力，使它们充分发挥出对正式环境规制的补充作用。

第二，政策制定者应扩大需求端环境规制的普适性。一方面，政策制定者应平衡政府采购绿色工程对国有建筑企业的资源倾向，为非国有企业提供更多机会。在政府采购绿色工程项目上给予企业公平的竞争机会不仅可以激励国有企业，也能激励非国有企业共同进行绿色创新，这样才能够全面促进全行业的绿色发展。另一方面，政府采购绿色工程中需要进一步扩充绿色标准，并将其中的绿色建造标准向外界推广，以便民营招标方和建筑企业参考，充分发挥出需求端环境规制的示范引领作用。

第三，政策制定者应因地制宜持续推进模糊型环境规制。首先，模糊型环境规制应强调目标责任制，尤其对于长期以来碳排放强度较高的传统行业，如工业、建筑行业、交通运输业等。模糊型环境规制的实施省（直辖市）政府应当分行业设立量化低碳目标，以更有效地实现整体目标。其次，模糊型环境规制应建立分行业考核体系。政策制定者应分区域分行业考核模糊型环境规制的效果，尤其是对于建筑行业等重点行业，并将考核结果与地方官员的绩效相结合。最后，开展进一步的模糊型环境政策试点工作。面临"碳达峰"和"碳中和"的挑战，政策制定者可以考虑开展进一步的试点工作，为达成远期减碳目标积累经验。

第四，建筑企业应多管齐下对项目经理的绿色工程项目管理采取相应的激励措施。从绩效考核的角度而言，建筑企业可以将环境指标作为项目经理绩效的主要考核方面之一，并将其纳入项目经理的薪酬体系。这样可以很大程度上避免项目经理出于节约成本而忽略项目的环境管理，促使他们进行绿色工程项目管理行为。从知识培训的角度而言，建筑企业应增加对员工的绿色施工知识培训，如聘请绿色施工方面的专家定期对项目经理及施工人员进行绿色施工现场管理、绿色施工技术、污染处理设施设备、绿色建材等相关知识的培训等。这样做可以很大程度上缩减由于绿色工程项目管理导致的时间成本，为项目经理实施绿色工程项目管理降低了工期压力。

6.3　不足与展望

本书仍存在许多不足之处。

第一，本书中计量模型的模型拟合优度不够充分。本书认为：其一，这可能是样本量不足的问题，由于本书中调查问卷涉及在建项目的项目经理这个固定职业的固定情景，这导致样本数量有较大的局限性，这是一个研究缺憾；其二，本书主要是检验变量之间相关关系，在相关关系的检验中，当前研究也出现过类似的较低的修正后的 R^2。同时，修正后的 R^2 并没有一个固定的门槛值，有学者推荐用 F 值的显著性来检验模型的合理性。在本书中，由于 F 检验是显著的，因此回归模型的合理性是可以接受的。此外，较低的修正后的 R^2 这并不影响对变量间相关关系的识别，以及对基于相关关系假设的支持。综上所述，本书相关关系的假设可以得到支持，但是在运用本研究结论进行预测时，需要谨慎斟酌。

第二，本书的变量选取有一定的局限性。首先，以往研究中对于环境规制大多是按照指令控制型、基于市场型以及非正式型进行分类，本书在此基础上补充了另外两个新的分类。然而，需求端环境规制和模糊型环境规制在执行的过程中的某些政策工具可能会与传统环境规制有重叠，本书在探究环境规制有效性时忽略了这些重叠因素的影响。其次，以往研究中对于环境规制与绿色建造分别有多种代理变量，本书仅选择了其中较为常见的作为代理变量。再次，2022 年最新发表的文献中有一些新的代理变量出现，然而本书的主要工作集中于 2019—2021 年，难以将文中变量大范围替换，现已通过稳健性检验的方式进行了部分补充研究。最后，本书虽然考虑了多个重要的控制变量，但不可能囊括全部影响因素。例如，对于省级之间空间自相关性和差异性等对环境规制有效性带来的影响未进行考虑，因此得到的实证结果需要慎重斟酌。

第三，本书的数据收集样本量、时效性和准确性存在缺憾。首先，在对环境规制与项目经理绿色工程项目管理行为关系的研究中，使用访谈和调查问卷的方式获得研究数据，受访者来自正在施工的项目，样本规模相对较小。其次，在对环境规制与建筑行业绿色全要素生产率、碳排放强度关系的研究中，其一，由于统计年鉴的连续性与数据可获得性的问题，最新数据为 2017 年，这降低了数据的时效性。其二，由于官方绿色政府采购统计数据的缺失，以及面板数据无法采用调查问卷的方式获得，本书对需求端环境规制的测量方法可能会有不准确之处。其三，对于碳排放量的测量仅考虑了化石燃料直接产生的二氧化碳，没有将用电间接产生的二氧化碳考虑在内，因此与实际有一定偏差。

本书虽然已从微观和宏观两个层面较为全面地探讨了环境规制对绿色建造的影响，但仍有一些问题尚未完全厘清，本书也尝试提出一些对未来研究的展望。

第一，在建筑行业绿色工程项目管理的微观视角，除了项目经理外，其他利益相关者也会影响到绿色工程项目管理的实施，如设计人员、建筑企业管理人员等，因此他们的行为也应该得到研究。如建设项目的设计人员虽然不直接影响环境，但会对后续的建造阶段和使用阶段造成重大影响，因此设计人员的绿色设计行为也值得探究。此外，建设项目施工过程中的多种复杂因素也会影响绿色工程项目管理的实施，案例研究或许可以更加深入地厘清这些问题。

第二，在建筑行业生产率的宏观视角，本书使用省级面板数据对绿色全要素生产率进行了研究，并没有细分到城市层面或建筑物全寿命的各个阶段。未来研究可以继续聚焦建筑行业的绿色全要素生产率，以建筑物的全寿命周期为研究目标，对比环境规制在建材生产运输阶段、建造阶段和运营阶段有效性的区别，结果可能会有重要的现实意义。除此之外，还可以尝试收集市级层面的样板数据进行分析，将环境规制对建筑行业的影响细化到城市层面。

第三，在建筑行业碳排放的宏观视角，本书将低碳试点政策作为模糊型环境规制的代表，难以代表所有的模糊型环境规制。未来研究可以关注其他模糊型环境规制，如"零碳城市"政策或"无废城市"政策等。此外，在对低碳试点政策的研究中本书仅关注省级的试点，忽略了对市级试点的关注。因此，未来的研究可以关注市级或更低行政级别的试点，将执行机制的研究进一步细化。

最后，本书的理论体系有更加完善的空间。本书针对绿色工程项目管理、绿色全要素生产率和碳排放三个方面开展独立建模研究，然而这三个方面相互之间仍然存在着相互影响。例如，某个省（直辖市）中的在建工程项目中的项目经理践行绿色工程项目管理行为会导致全省建筑行业绿色全要素生产率的提高，进而导致碳排放强度的降低。亦或者，当某个地区的绿色建造程度整体较高时，可能会导致环境规制边际效用的降低。未来的研究可以关注三者之间的互相影响，以及这种相互影响作用对环境规制作用的发挥带来的影响。

参 考 文 献

[1] Adjei-Bamfo P, Maloreh-Nyamekye T, Ahenkan A. The role of e-government in sustainable public procurement in developing countries: A systematic literature review [J]. Resources, Conservation and Recycling, 2019, 142: 189-203.

[2] Ajzen I, Madden T J. Prediction of goal-directed behavior: Attitudes, intentions, and perceived behavioral control [J]. Journal of Experimental Social Psychology, 1986, 22 (5): 453-474.

[3] Ametepey O, Aigbavboa C, Ansah K. Barriers to successful implementation of sustainable construction in the Ghanaian construction industry [J]. Procedia Manufacturing, 2015, 3: 1682-1689.

[4] Armenakis A A, Bedeian A G. Organizational change: A review of theory and research in the 1990s [J]. Journal of Management, 1999, 25 (3): 293-315.

[5] Armenakis A A, Harris S G, Feild H S. Handbook of Organizational Behavior [M]. Marcel Dekker, 1999.

[6] Banihashemi S, Hosseini M R, Golizadeh H, et al. Critical success factors (CSFs) for integration of sustainability into construction project management practices in developing countries [J]. International Journal of Project Management, 2017, 35 (6): 1103-1119.

[7] Barney J B. Firm resources and sustained competitive advantage [J]. Journal of Management, 1991, 17 (1): 99-120.

[8] Becker S O, Ichino A. Estimation of average treatment effects based on propensity scores [J]. The stata journal, 2002, 2 (4): 358-377.

[9] Brusselaers J, Huylenbroeck G V, Buysse J. Green public procurement of certified wood: Spatial leverage effect and welfare implications [J]. Ecological Economics, 2017, 135: 91-102.

[10] Bruton G D, Peng M W, Ahlstrom D, et al. State-owned enterprises around the world as hybrid organizations [J]. Academy of Management Perspectives, 2015, 29 (1): 92-114.

[11] Calza F, Profumo G, Tutore I. Corporate ownership and environmental proactivity [J]. Business Strategy and the Environment, 2016, 25 (6): 369-389.

[12] Cecchini L, Venanzi S, Pierri A, et al. Environmental efficiency analysis and estimation of CO_2 abatement costs in dairy cattle farms in Umbria (Italy): A SBM-DEA model with undesirable output [J]. Journal of Cleaner Production, 2018, 197, 895-907.

[13] Chai S, Zhang Z, Ge J. Evolution of environmental policy for China's rare earths: Comparing central and local government policies [J]. Resources Policy, 2020, 68: 101786.

[14] Chambers R G, Chung Y, Fare R. Benefit and Distance Functions [J]. Journal of Economic Theory, 1996, 70 (2): 407-419.

[15] Chang R, Soebarto V, Zhao Z, et al. Facilitating the transition to sustainable construction: China's policies [J]. Journal of Cleaner Production, 2016, 131 (10): 534-544.

[16] Cheng J, Yi J, Dai S, et al. Can low-carbon city construction facilitate green growth? Evidence from China's pilot low-carbon city initiative [J]. Journal of Cleaner Production, 2019, 231:

1158-1170.

[17] Cheng W, Appolloni A, D'Amato A, et al. Green public procurement, missing concepts and future trends-A critical review [J]. Journal of Cleaner Production, 2018, 176: 770-784.

[18] Chen H, Guo W, Feng X, et al. The impact of low-carbon city pilot policy on the total factor productivity of listed enterprises in China [J]. Resources, Conservation & Recycling, 2021, 169: 105457.

[19] Chen S, Sun Z, Tang S, et al. Government intervention and investment efficiency: evidence from China [J]. Journal of Corporate Finance, 2011, 17 (2): 259-271.

[20] Chiarini A. Factors for succeeding in ISO 14001 implementation in Italian construction industry [J]. Business Strategy and the Environment, 2019, 28 (5): 794-803.

[21] Chowdhury S, Zhu J, Rasoulkhani K, et al. Guidelines for robust adaptation to environmental regulations in infrastructure projects [J]. Journal of Construction Engineering and Management, 2020, 146 (10): 04020121.

[22] Chuai X, Huang X, Lu Q, et al. Spatiotemporal changes of built-up land expansion and carbon emissions caused by the Chinese construction industry [J]. Environmental Science & Technology, 2015, 49: 13021.

[23] Chung Y, Fare R, Grosskopf S. Productivity and Undesirable Outputs: A Directional Distance Function Approach [J]. Microeconomics, 1997, 51 (3): 229-240.

[24] Cleary S. The relationship between firm investment and financial status [J]. Journal of Finance, 2002, 54 (2): 673-692.

[25] Coetsee L. From resistance to commitment [J]. Public Administration Quarterly, 1999, 23: 204-222.

[26] Conner D R. Managing at the Speed of Change: How Resilient Managers Succeed and Prosper Where Others Fail [M]. Villard Books, 1992.

[27] Conner D R, Patterson R W. Building commitment to organizational change [J]. Training and Development Journal, 1982, 36: 18-30.

[28] Cunningham G B. The relationships among commitment to change, coping with change, and turnover intentions [J]. European Journal of Work and Organizational Psychology, 2006, 15 (1): 29-45.

[29] Dalkin S, Forster N, Hodgson P, et al. Using computer assisted qualitative data analysis software (CAQDAS; NVivo) to assist in the complex process of realist theory generation, refinement and testing [J]. International Journal of Social Research Methodology, 2021, 24 (3): 123-134.

[30] Darko A, Chan A P C, Gyamfi S, et al. Driving forces for green building technologies adoption in the construction industry: Ghanaian perspective [J]. Building and Environment, 2017, 125 (15): 206-215.

[31] Davidson R, MacKinnon J G. Econometric theory and methods [J]. New York: Oxford University Press, 2004.

[32] Dimaggio P J, Powell W W. The Iron Cage Revisited: Institutional Isomorphism and Collective Rationality in Organizational Fields [J]. American Sociological Review, 1983, 48: 147-160.

[33] Dufau N S. Too small to fail: A new perspective on environmental penalties for small businesses [J]. The University of Chicago Law Review, 2014, 81 (4): 1795-1837.

[34] Du Q, Lu X, Yu M, et al. Low-Carbon Development of the Construction Industry in China's Pilot Provinces [J]. Polish Journal of Environmental Studies, 2020, 29 (4): 2617-2629.

[35] Efron B, Tibshirani R. An introduction to the bootstrap [J]. New York: Chapmann & Hall, 1993.

[36] Eisenhardt K M. Building Theories from Case Study Research [J]. The Academy of Management Review, 1989. 14 (4): 532-550.

[37] Eisenhardt K M, Martin J A. Dynamic capabilities: What are they? [J]. Strategic Management Journal, 2000, 21 (11): 1105-1121.

[38] Ekrot B, Rank J, Gemünden H G. Antecedents of project managers' voice behavior: The moderating effect of organization-based self-esteem and affective organizational commitment [J]. International Journal of Project Management, 2016, 34 (6): 1028-1042.

[39] Féres J, Reynaud A. Assessing the impact of formal and informal regulations on environmental and economic performance of Brazilian manufacturing firms [J]. Environmental and Resource Economics, 2012, 52 (1): 65-85.

[40] Fortune. FORTUNE Global 500 [Z]. Fortune, 2020.

[41] Fu Y, He C, Luo L. Does the low-carbon city policy make a difference? Empirical evidence of the pilot scheme in China with DEA and PSM-DID [J]. Ecological Indicators, 2021, 122: 107238.

[42] Gan X, Zuo J, Ye K, et al. Why sustainable construction? Why not? An owner's perspective [J]. Habitat International, 2015, 47: 61-68.

[43] Gangolells M, Casals M, Gassó S, et al. A methodology for predicting the severity of environmental impacts related to the construction process of residential buildings [J]. Building and Environment, 2009, 44 (3): 558-571.

[44] Ge J, Zhao Y, Luo X, et al. Study on the suitability of green building technology for affordable housing: A case study on Zhejiang province, China [J]. Journal of Cleaner Production, 2020, 275: 122685.

[45] Gephart R P. Qualitative research and the academy of management journal [J]. Academy of Management Journal, 2004, 47 (4): 454-462.

[46] Giacomo M R D, Testa F, Iraldo F, et al. Does Green Public Procurement lead to Life Cycle Costing (LCC) adoption? [J]. Journal of Purchasing and Supply Management, 2019, 25 (3): 100500.

[47] Glaser B G. The grounded theory perspective: Conceptualization contrasted with description [J]. Sociology Press, 2001.

[48] Glaser B G. Theoretical sensitivity: Advances in the methodology of grounded theory [J].

Sociology Press, 1978.

[49] Goedknegt D. Responsibility for adhering to sustainability in project management [J]. 7th Nordic Conference on Construction Economics and Organization, Trondheim, 2013, 145-154.

[50] Grandia J. Finding the missing link: Examining the mediating role of sustainable public procurement behaviour [J]. Journal of Cleaner Production, 2016, 124: 183-190.

[51] Grandia J, Steijn B, Kuipers B. It is not easy being green: Increasing sustainable public procurement behaviour [J]. Innovation: The European Journal of Social Science Research, 2015, 28 (3): 243-260.

[52] Guan J, Gao Z, Tan J, et al. Does the mixed ownership reform work? Influence of board chair on performance of state-owned enterprises [J]. Journal of Business Research, 2021, 122: 51-59.

[53] Guo L, Qu Y, Tseng M. The interaction effects of environmental regulation and technological innovation on regional green growth performance [J]. Journal of Cleaner Production, 2017, 162: 894-902.

[54] Guo R, Yuan Y. Different types of environmental regulations and heterogeneous influence on energy efficiency in the industrial sector: Evidence from Chinese provincial data [J]. Energy Policy, 2020, 145: 111747.

[55] Guo Y, Huy Q N, Xiao Z. How middle managers manage the political environment to achieve market goals: Insights from China's state-owned enterprises [J]. Strategic Management Journal, 2016, 38 (3): 676-696.

[56] Hakiminejad A, Fu C, Titkanlou H M. A critical review of sustainable built environment development in Iran [J]. Engineering Sustainability, 2015, 168 (3): 105-119.

[57] Hao Y, Guo Y, Wu H. The role of information and communication technology on green total factor energy efficiency: Does environmental regulation work? [J]. Business Strategy and the Environment, 2022, 31 (1): 403-424.

[58] Hayes A F. Introduction to mediation, moderation, and conditional process analysis: A regression-based approach, second ed [J]. Guilford Press, 2018.

[59] Hayes A F, Montoya A K, Rockwood N J. The analysis of mechanisms and their contingencies: PROCESS versus structural equation modeling [J]. Australasian Marketing Journal, 2017, 25 (1): 76-81.

[60] Helfat C E, Peteraf M A. The dynamic resource-based view: Capability life-cycles [J]. Strategic Management Journal, 2003, 24 (10): 997-1010.

[61] Helfat C E, Finkelstein S, Mitchell W, et al. Dynamic capabilities: Understanding strategic change in organizations [J]. John Wiley & Sons, 2009.

[62] He L Y, Zhang H Z. Spillover or crowding out? The effects of environmental regulation on residents' willingness to pay for environmental protection [J]. Natural Hazards, 2021, 105: 611-630.

[63] He Q, Wang Z, Wang G, et al. To be green or not to be: How environmental regulations shape

contractor greenwashing behaviors in construction projects [J]. Sustainable Cities and Society, 2020a, 63: 102462.

[64] He W, Li W, Xu S. A Lyapunov drift-plus-penalty-based multi-objective optimization of energy consumption, construction period and benefit [J]. KSCE Journal of Civil Engineering, 2020b, 24 (10): 1-14.

[65] Herbohn K, Walker J, Loo H Y M. Corporate social responsibility: The link between sustainability disclosure and sustainability performance [J]. Abacus, 2014, 50 (4): 422-459.

[66] Herscovitch L, Meyer J P. Commitment to organizational change: extension of a three-component model [J]. Journal of Applied Psychology, 2002, 87 (3): 474-487.

[67] Hoffman A J. Institutional evolution and change: Environmentalism and the U.S. chemical Industry [J]. The Academy of Management Journal, 1999, 42 (8): 51-71.

[68] Hoffman A J. From heresy to dogma: An institutional history of corporate environmentalism [J]. Stanford University Press, 2001.

[69] Ho J L Y, Wu A, Xu S X. Corporate governance and returns on information technology investment: evidence from an emerging market [J]. Strategic Management Journal, 2007, 32 (6): 595-623.

[70] Hong J, Kang H, Jung S, et al. An empirical analysis of environmental pollutants on building construction sites for determining the real-time monitoring indices [J]. Building and Environment, 2020, 170: 106636.

[71] Hong J, Shen G Q, Feng Y, et al. Greenhouse gas emissions during the construction phase of a building: a case study in China [J]. Journal of Cleaner Production, 2015, 103 (15): 249-259.

[72] Hotte L, Winer S L. Environmental regulation and trade openness in the presence of private mitigation [J]. Journal of Development Economics, 2012, 97 (1): 46-57.

[73] Hussain K, He Z, Ahmad N, et al. Green, lean, Six Sigma barriers at a glance: A case from the construction sector of Pakistan [J]. Building and Environment, 2019, 161: 106225.

[74] Hwang B G, Ng W J. Project management knowledge and skills for green construction: overcoming challenges [J]. International Journal of Project Management, 2013, 31 (2): 272-284.

[75] Iacobucci D. Structural equations modeling: Fit indices, sample size, and advanced topics [J]. Journal of Consumer Psychology, 2010, 20 (1): 90-98.

[76] James J, Chrisman J H, Chua F K. Priorities, Resource Stocks, and Performance in Family and Nonfamily Firms [J]. Entrepreneurship Theory and Practice, 2009, 33 (3): 739-760.

[77] Jennings P D, Zandbergen P A. Ecologically sustainable organizations: an institutional approach [J]. Academy of Management Review, 1995, 20 (4): 1015-1052.

[78] Jia Z, Lin B. Rethinking the choice of carbon tax and carbon trading in China [J]. Technological Forecasting and Social Change, 2020, 159: 120187.

[79] Jorgenson D W. Economic growth at the industry level [J]. American Economic Review, 2000, 90 (2): 161-167.

[80] Kao E H, Yeh C C, Wang L H, et al. The relationship between CSR and performance: Evidence in China [J]. Pacific-Basin Finance Journal, 2018, 51: 155-170.

[81] Kivilä J, Martinsuo M, Vuorinen L. Sustainable project management through project control in infrastructure projects [J]. International Journal of Project Management, 2017, 35 (6): 1167-1183.

[82] Kumar S, Managi S. A global analysis of environmentally sensitive productivity growth [J]. Natural Resource Management and Policy, 2009, 32: 203-219.

[83] Lam K C, Ning X, Gao H. The fuzzy GA-based multi-objective financial decision support model for Chinese state-owned construction firms [J]. Automation in Construction, 2009, 18 (4): 402-414.

[84] Langpap C, Shimshack J. Private citizen suits and public enforcement: Substitutes or complements [J]. Journal of Environmental Economics and Management, 2010, 59 (3): 235-249.

[85] Lei X, Wu S. Improvement of different types of environmental regulations on total factor productivity: A threshold effect analysis [J]. Discrete Dynamics in Nature and Society, 2019, 2019 (6): 1-12.

[86] Leonard B D. Core capabilities and core rigidities: A paradox in managing new product development [J]. Strategic Management Journal, 1992, 13 (1): 111-125.

[87] Li H, Zhang J, Wang C, et al. An evaluation of the impact of environmental regulation on the efficiency of technology innovation using the combined DEA model: A case study of Xi'an, China [J]. Sustainable Cities and Society, 2018, 42: 355-369.

[88] Li M, Dong L, Luan J, et al. Do environmental regulations affect investors? Evidence from China's action plan for air pollution prevention [J]. Journal of Cleaner Production, 2020, 244 (20): 118817.

[89] Li R, Ramanathan R. Exploring the relationships between different types of environmental regulations and environmental performance: Evidence from China [J]. Journal of Cleaner Production, 2018, 196 (20): 1329-1340.

[90] Li X, Huang Y, Li J, et al. The mechanism of influencing green technology innovation behavior: Evidence from Chinese construction enterprises [J]. Buildings, 2022, 12 (2): 237.

[91] Lindström H, Lundberg S, Marklund P O. How Green Public Procurement can drive conversion of farmland: An empirical analysis of an organic food policy [J]. Ecological Economics, 2020, 172: 106622.

[92] Liu C, Zhou Z, Liu Q, et al. Can a low-carbon development path achieve win-win development: Evidence from China's low-carbon pilot policy [J]. Mitigation and Adaptation Strategies for Global Change, 2020a, 25 (4): 1199-1219.

［93］ Liu J, Shi B, Xue J, et al. Improving the green public procurement performance of Chinese local governments: From the perspective of officials' knowledge ［J］. Journal of Purchasing and Supply Management, 2019a, 25 (3): 100501.

［94］ Liu J, Liu Y, Ma Y, et al. Promoting SMEs friendly public procurement (SFPP) practice in developing country: The regulation and policy motivator and beyond ［J］. The Social Science Journal, 2021, 1: 1-20.

［95］ Liu J, Xie J. Environmental regulation, technological innovation, and export competitiveness: An empirical study based on China's manufacturing industry ［J］. International Journal of Environmental Research and Public Health, 2020, 17 (4): 1427.

［96］ Liu J, Xue J, Yang L, et al. Enhancing green public procurement practices in local governments: Chinese evidence based on a new research framework ［J］. Journal of Cleaner Production, 2019, 211 (20): 842-854.

［97］ Liu J, Yuan C, Hafeez M, et al. ISO 14001 certification in developing countries: Motivations from trade and environment ［J］. Journal of Environmental Planning and Management, 2020b, 63 (7): 1241-1265.

［98］ Liu T, Wang Y, Song Q, et al. Low-carbon governance in China-Case study of low carbon industry park pilot ［J］. Journal of Cleaner Production, 2018, 174: 837-846.

［99］ Lu Y, Cui P, Li D. Carbon emissions and policies in China's building and construction industry: Evidence from 1994 to 2012 ［J］. Building and Environment, 2016, 95 (1): 94-103.

［100］ Lu Y, Geng Y, Liu Z, et al. Measuring sustainability at the community level: An overview of China's indicator system on National Demonstration Sustainable Communities ［J］. Journal of Cleaner Production, 2017, 143 (1): 326-335.

［101］ Lu Y, Zhang X. Corporate sustainability for architecture engineering and construction (AEC) organizations: Framework, transition and implication strategies ［J］. Ecological Indicators, 2016, 61 (2): 911-922.

［102］ Lundberg S, Marklund P O, Strömbäck E. Is environmental policy by public procurement effective? ［J］. Public Finance Review, 2015, 44 (4): 478-499.

［103］ Ma Y, Liu Y, Appolloni A, et al. Does green public procurement encourage firm's environmental certification practice? The mediation role of top management support ［J］. Corporate Social Responsibility and Environmental Management, 2021, 28 (3): 1002-1017.

［104］ Majerník M, Daneshjo N, Chovancová J, et al. Modelling the process of green public procurement ［J］. TEM Journal, 2017, 6 (2): 272-278.

［105］ Malik P, Garg P. The relationship between learning culture, inquiry and dialogue, knowledge sharing structure and affective commitment to change ［J］. Journal of Organizational Change Management, 2017, 30 (4): 610-631.

［106］ Maltzman R, Shirley D. Sustainability integration for effective project management ［J］. Springer, 2013.

［107］ Marcelino-Sádaba S, González-Jaen L F, Pérez-Ezcurdia A. Using project management as a way to sustainability. From a comprehensive review to a framework definition ［J］. Journal of Cleaner Production, 2015, 99: 1-16.

［108］ Martens M L, Carvalho M M. Key factors of sustainability in project management context: A survey exploring the project managers' perspective ［J］. International Journal of Project Management, 2017, 35 (6): 1084-1102.

［109］ Melissen F, Reinders H. A reflection on the Dutch sustainable public procurement programme ［J］. Journal of Integrative Environmental Sciences, 2012, 9 (1): 27-36.

［110］ Meyer J P, Allen N J. A three-component conceptualization of organizational commitment ［J］. Human Resource Management Review, 1991, 1 (1): 61-89.

［111］ Meyer J W, Rowan B. Institutional organizations: Formal structure as myth and ceremony ［J］. American Journal of Sociology, 1977, 83 (2): 340-363.

［112］ Michaelis B, Stegmaier R, Sonntag K. Affective commitment to change and innovation implementation behavior: The role of charismatic leadership and employees' trust in top management ［J］. Journal of Change Management, 2009, 9 (4): 399-417.

［113］ Miles M B, Huberman A M. Qualitative Data Analysis: An Expanded Source Book ［M］. London: Sage Publication, 1994.

［114］ Ming T, Ming Q, Qijiao S, et al. Why does the behavior of local government leaders in low-carbon city pilots influence policy innovation? ［J］. Resources, Conservation & Recycling, 2020, 152: 104483.

［115］ Modak N M, Ghosh D K, Panda S, et al. Managing green house gas emission cost and pricing policies in a two-echelon supply chain ［J］. CIRP Journal of Manufacturing Science and Technology, 2018, 432 (20): 1-11.

［116］ Murray J G. Effects of a green purchasing strategy: The case of Belfast City Council ［J］. Supply Chain Management: An International Journal, 2000, 5 (1): 37-44.

［117］ Nadel S. Appliance and equipment efficiency standards ［J］. Annual Review of Energy and the Environment, 2002, 27: 159-192.

［118］ Nanere M, Fraser I, Quazi A, et al. Environmentally Adjusted Productivity Measurement: An Australian Case Study ［J］. Journal of Environmental Management, 2007, 85 (2): 350-362.

［119］ Nguyen T T, Dijkb M A. Corruption and growth: Private vs. state-owned firms in Vietnam ［J］. Journal of Banking & Finance, 2012, 36 (11): 2935-2948.

［120］ Nikolaou I E, Loizou C. The Green Public Procurement in the midst of the economic crisis: Is it a suitable policy tool? ［J］. Journal of Integrative Environmental Sciences, 2015, 12 (1): 49-66.

［121］ Oh D H. A Global Malmquist-luenberger Productivity Index ［J］. Journal of Productivity Analysis, 2010, 34 (3): 183-197.

［122］ Olanipekun A O, Xia B, Hon C, et al. Effect of motivation and owner commitment on the delivery performance of green building projects [J]. Journal of Management in Engineering, 2018, 34 (1): 04017039.

[123] Onubi H O, Yusof N, Hassan A S. How environmental performance influence client satisfaction on projects that adopt green construction practices: The role of economic performance and client types [J]. Journal of Cleaner Production, 2020, 272 (1): 122763.

[124] Ouedraogo N, Ouakouak M L. Impacts of personal trust, communication, and affective commitment on change success [J]. Journal of Organizational Change Management, 2018, 31 (3): 676-696.

[125] Pacheco-Blanco B, Bastante-Ceca M J. Green public procurement as an initiative for sustainable consumption. An exploratory study of Spanish public universities [J]. Journal of Cleaner Production, 2016, 133 (1): 648-656.

[126] Pan X, Chen X, Sinha P, et al. Are firms with state ownership greener? An institutional complexity view [J]. Business Strategy and the Environment, 2020, 29 (1): 197-211.

[127] Peng T, Deng H. Research on the sustainable development process of low-carbon pilot cities: the case study of Guiyang, a low-carbon pilot city in south- west China [J]. Environment, Development and Sustainability, 2021, 23: 2382-2403.

[128] Penrose E T. The Theory of the Growth of the Firm [M]. Oxford University Press, 1959.

[129] Pham H, Kim S Y, Luu T V. Managerial perceptions on barriers to sustainable construction in developing countries: Vietnam case [J]. Environment Development and Sustainability, 2020, 22 (5): 1-25.

[130] Porter M E, van der Linde C. Green and competitive: ending the stalemate [J]. Harvard Business Review, 1995, 28 (6): 120-134.

[131] Porter M E, van der Linde C. Toward a new conception of the environment competitiveness relationship [J]. Journal of Economic Perspectives, 1995, 9 (4): 97-118.

[132] Prahalad C K, Hamel G. The core competence of the corporation [J]. Harvard Business Review, 1990, 68 (3): 79-87.

[133] Project Management Institute. A Guide to Project Management Body of Knowledge [M]. Project Management Institute, 2013.

[134] Quan Y, Wu H, Li S, et al. Firm sustainable development and stakeholder engagement: The role of government support [J]. Business Strategy and the Environment, 2018, 27 (8): 1145-1158.

[135] Rietbergen M G, Blok K. Assessing the potential impact of the CO_2 Performance Ladder on the reduction of carbon dioxide emissions in the Netherlands [J]. Journal of Cleaner Production, 2013, 52: 33-45.

[136] Romero J A, Freedman M, O'Connor N G. The impact of environmental protection agency penalties on financial performance [J]. Business Strategy and the Environment, 2018, 27 (8): 1733-1740.

[137] Saastamoinen J, Reijonen H, Tammi T. Should SMEs pursue public procurement to improve

innovative performance? [J]. Technovation, 2018, 69: 2-14.

[138] Scott W R. Organizations and Institutions [M]. Thousand Oaks, 1995.

[139] Scott W R. The adolescence of institutional theory [J]. Administrative Science Quarterly, 1987, 32 (4): 493-511.

[140] Sev A. How can the construction industry contribute to sustainable development? A conceptual framework [J]. Sustainable Development, 2009, 17 (3): 161-173.

[141] Shen N, Liao H, Deng R, et al. Different types of environmental regulations and the heterogeneous influence on the environmental total factor productivity: Empirical analysis of China's industry [J]. Journal of Cleaner Production, 2019, 211 (20): 171-184.

[142] Shum P, Bove L, Auh S. Employees' affective commitment to change: The key to successful CRM implementation [J]. European Journal of Marketing, 2008, 42 (11): 1346-1371.

[143] Silvius A J G. Sustainability as a competence of project managers [J]. PM World Journal, 2016, 5 (4): 1-13.

[144] Silvius A J G, de Graaf M. Exploring the project manager's intention to address sustainability in the project board [J]. Journal of Cleaner Production, 2019, 208: 1226-1240.

[145] Silvius A J G, Kampinga M, Paniagua S, et al. Considering sustainability in project management decision making: An investigation using Q-methodology [J]. International Journal of Project Management, 2017, 35 (6): 1133-1150.

[146] Silvius A J G, Schipper R. Sustainability in project management: A literature review and impact analysis [J]. Social Business, 2014, 4 (1): 63-96.

[147] Silvius A J G, Schipper R. Exploring variety in factors that stimulate project managers to address sustainability issues [J]. International Journal of Project Management, 2020, 38 (6): 353-367.

[148] Sim J, Saunders B, Waterfield J, et al. Can sample size in qualitative research be determined a priori? [J]. International Journal of Social Research Methodology, 2018, 21 (5): 619-634.

[149] Simcoe T, Toffel M W. Government green procurement spillovers: Evidence from municipal building policies in California [J]. Journal of Environmental Economics and Management, 2014, 68 (3): 411-434.

[150] Song Y, Yang T, Li Z, et al. Research on the direct and indirect effects of environmental regulation on environmental pollution: Empirical evidence from 253 prefecture-level cities in China [J]. Journal of Cleaner Production, 2020, 269 (1): 122425.

[151] Suddaby R. From the editors: What grounded theory is not [J]. The Academy of Management Journal, 2006, 49 (4): 633-642.

[152] Sun S L, Zou B. Generative Capability [J]. IEEE Transactions on Engineering Management, 2018, 99: 1-14.

[153] Tang K, Qiu Y, Zhou D. Does command-and-control regulation promote green innovation performance? Evidence from China's industrial enterprises [J]. Science of The Total

Environment, 2020, 712 (10): 136362.

[154] Tang P, Zeng H, Fu S. Local government responses to catalyse sustainable development: Learning from low-carbon pilot programme in China [J]. Science of The Total Environment, 2019, 689 (11): 1054-1065.

[155] Teece D, Pisano G. The Dynamic Capabilities of Firms: an Introduction [J]. Industrial and Corporate Change, 1994, 3 (5): 537-556.

[156] Teece D J, Pisano G, Shuen A. Dynamic capabilities and strategic management [J]. Strategic Management Journal, 1997, 18 (7): 509-533.

[157] Testa F, Annunziata E, Iraldo F, et al. Drawbacks and opportunities of green public procurement: an effective tool for sustainable production [J]. Journal of Cleaner Production, 2016, 112 (3): 1893-1900.

[158] Testa F, Iraldo F, Frey M, et al. What factors influence the uptake of GPP (green public procurement) practices? New evidence from an Italian survey [J]. Ecological Economics, 2012, 82: 88-96.

[159] Testa F, Iraldo F, Frey M. The effect of environmental regulation on firms' competitive performance: The case of the building & construction sector in some EU regions [J]. Journal of Environmental Management, 2011, 92 (9): 2136-2144.

[160] Timonen V, Foley G, Conlon C. Challenges when using grounded theory: A pragmatic introduction to doing GT research [J]. International Journal of Qualitative Methods, 2018, 17 (1): 1-10.

[161] Tziogas C, Papadopoulos A, Georgiadis P. Policy implementation and energy-saving strategies for the residential sector: The case of the Greek Energy Refurbishment program [J]. Energy Policy, 2021, 149: 112100.

[162] UNEP (United Nations Environment Programme), IEA (International Energy Agency), 2019. 2019 Global Status Report for Buildings and Construction [Z].

[163] Voet J V D, Kuipers B S, Groeneveld S. Implementing change in public organizations: The relationship between leadership and affective commitment to change in a public sector context [J]. Public Management Review, 2016, 18 (6): 842-865.

[164] Wang Q, Liu J. Demand-side and traditional environmental regulations in green construction: the moderating role of CNSC and SOE intensity [J]. Environment, Development and Sustainability, 2022: 1-42.

[165] Wang Q, Zhang R, Liu J. Price/time/intellectual efficiency of procurement: Uncovering the related factors in Chinese public authorities [J]. Journal of Purchasing and Supply Management, 2020, 26 (3): 100622.

[166] Wang X, Lei P. Does strict environmental regulation lead to incentive contradiction? Evidence from China [J]. Journal of Environmental Management, 2020, 269: 110632.

[167] Warsame M H, Ireri E M. Moderation effect on mobile microfinance services in Kenya: An extended UTAUT model [J]. Journal of Behavioral and Experimental Finance, 2018, 18:

67-75.

[168] Wernerfelt B. A Resource-based view of the firm [J]. Strategic Management Journal, 1984, 5 (2): 171-180.

[169] Wu J, Wang X, Wang X, et al. Measurement of system coordination degree of China National sustainable communities [J]. International Journal of Sustainable Development and Planning, 2017, 12 (5): 922-932.

[170] Wu Z, Zhang X, Wu M. Mitigating construction dust pollution: State of the art and the way forward [J]. Journal of Cleaner Production, 2016, 112 (2): 1658-1666.

[171] Xian Y, Yang K, Wang K, et al. Cost-environment efficiency analysis of construction industry in China: A materials balance approach [J]. Journal of Cleaner Production, 2019, 221: 457-468.

[172] Xie B C, Zhai J X, Sun P C, et al. Assessment of energy and emission performance of a green scientific research building in Beijing, China [J]. Energy and Buildings, 2020, 224: 110248.

[173] Xie R H, Yuan Y J, Huang J J. Different types of environmental regulations and heterogeneous influence on "green" productivity: Evidence from China [J]. Ecological Economics, 2017, 132: 104-112.

[174] Yan H, Shen Q, Fan L C H, et al. Greenhouse gas emissions in building construction: A case study of One Peking in Hong Kong [J]. Building and Environment, 2010, 45 (4): 49-55.

[175] Yang R J, Zou P, Wang J. Modelling stakeholder-associated risk networks in green building projects [J]. International Journal of Project Management, 2016, 34 (1): 66-81.

[176] Yin S, Li B. Academic research institutes-construction enterprises linkages for the development of urban green building: Selecting management of green building technologies innovation partner [J]. Sustainable Cities and Society, 2019, 48: 101555.

[177] Yuan H, Wu H, Zuo J. Understanding factors influencing project managers' behavioral intentions to reduce waste in construction projects [J]. Journal of Management in Engineering, 2018, 34 (6): 04018031.

[178] Zhang J, Ouyang Y, Ballesteros-Pérez P, et al. Understanding the Impact of Environmental Regulations on Green Technology Innovation Efficiency in the Construction Industry [J]. Sustainable Cities and Society, 2021, 65 (1): 102647.

[179] Zhang J, Pu S, Philbin S P, et al. Environmental regulation and green productivity of the construction industry in China [J]. Proceedings of the Institution of Civil Engineers-Engineering Sustainability, 2020, 174 (2): 58-68.

[180] Zhang L, Li H, Xia B, et al. Impact of environment regulation on the efficiency of regional construction industry: A 3-stage Data Envelopment Analysis (DEA) [J]. Journal of Cleaner Production, 2018, 200: 770-780.

[181] Zhang M, Tong L, Su J, et al. Analyst coverage and corporate social performance: Evidence

from China [J]. Pacific-Basin Finance Journal, 2015, 32 (1): 76-94.

[182] Zhang X, Liu J, Zhao K. Antecedents of citizens' environmental complaint intention in China: An empirical study based on norm activation model [J]. Resources, Conservation and Recycling, 2018, 134: 121-128.

[183] Zhao R, Peng H, Jiao W. Dynamics of long-term policy implementation of Eco-transformation of industrial parks in China [J]. Journal of Cleaner Production, 2021, 280: 124364.

[184] Zheng D, Shi M. Multiple environmental policies and pollution haven hypothesis: evidence from China's polluting industries [J]. Journal of Cleaner Production, 2017, 141: 295-304.

[185] Zhou Y, Liu W, Lv X, et al. Investigating interior driving factors and cross-industrial linkages of carbon emission efficiency in China's construction industry: Based on Super-SBM DEA and GVAR model [J]. Journal of Cleaner Production, 2019, 241: 118322.

[186] Zhu Q, Cordeiro J, Sarkis J. Institutional pressures, dynamic capabilities and environmental management systems: Investigating the ISO 9000-Environmental management system implementation linkage [J]. Journal of Environmental Management, 2013, 114 (15): 232-242.

[187] Zmihorski M, Dziarska J, Sparks T, et al. Ecological correlates of the popularity of birds and butterflies in Internet information resources [J]. Oikos, 2013, 122 (2): 183-190.

[188] 鲍学英, 许锟. 考虑碳排放的铁路隧道施工机械配置优化模型 [J]. 铁道学报, 2020, 42 (9): 161-168.

[189] 曹凤超. 行业国有化程度对行业收入和效率影响的实证分析 [J]. 生产力研究, 2020, (9): 88-91.

[190] 陈诗一. 能源消耗、二氧化碳排放与中国工业的可持续发展 [J]. 经济研究, 2009, 44 (4): 41-55.

[191] 陈向明. 质的研究方法与社会科学研究 [M]. 北京: 北京教育出版社, 2000.

[192] 陈晓萍, 徐淑英, 樊景立. 组织与管理研究的实证方法 [M]. 北京: 北京大学出版社, 2012.

[193] 陈宇, 孙枭坤. 政策模糊视阈下试点政策执行机制研究——基于低碳城市试点政策的案例分析 [J]. 求实, 2020, (2): 46-64, 110-111.

[194] 崔宁波, 生世玉. 粮食主产区农业绿色发展的影响因素、质量测度与动力分析——基于绿色全要素生产率视角 [J]. 农业资源与环境学报, 2022, 39 (3): 621-630.

[195] 邓荣荣, 张翱祥, 陈鸣. 低碳试点政策对生态效率的影响及溢出效应——基于空间双重差分的实证分析 [J]. 调研世界, 2022 (1): 38-47.

[196] 丁士昭. 工程项目管理 [M]. 北京: 中国建筑工业出版社, 2014.

[197] 冯博, 王雪青, 刘炳胜. 考虑碳排放的中国建筑业能源效率省际差异分析 [J]. 资源科学, 2014, 36 (6): 1256-1266.

[198] 傅京燕. 产业特征、环境规制与大气污染排放的实证研究——以广东省制造业为例 [J]. 中国人口资源与环境, 2009, 19 (2): 73-77.

[199] 高峰. 中国省际环境污染的空间差异和环境规制研究 [D]. 兰州: 兰州大学, 2015.

[200] 高海涛. 基于用户感知的移动图书馆服务质量评价及提升对策研究 [D]. 吉林：吉林大学，2018.

[201] 高艳丽，董捷，李璐，等. 碳排放权交易政策的有效性及作用机制研究——基于建设用地碳排放强度省际差异视角 [J]. 长江流域资源与环境，2019，28 (4)：47-57.

[202] 郭高晶. 地方政府环境政策对区域生态效率的影响研究 [D]. 上海：华东师范大学，2019.

[203] 顾子音. 中国创新投入对制造业绿色全要素生产率的影响 [J]. 知识经济，2021，58 (16)：171-172.

[204] 郝千婷，黄明祥，包刚. 碳排放核算方法概述与比较研究 [J]. 中国环境管理，2011，(4)：51-55.

[205] 胡军. 基于制度理论和资源观的企业主动型自然环境战略研究 [D]. 天津：南开大学，2009.

[206] 胡求光，马劲韬. 低碳城市试点政策对绿色技术创新效率的影响研究——基于创新价值链视角的实证检验 [J]. 社会科学，2022，(1)：62-72.

[207] 贾政. 多部门联合整治，夜间施工停了、扰民噪音消失了 [N]. 广州日报，2021.

[208] 李承伟，姚蕾. 基于扎根理论的中国中学体育教师核心素养结构模型构建 [J]. 北京体育大学学报，2019，42 (10)：117-127，156.

[209] 李春玲，刘森林. 国家认同的影响因素及其代际特征差异——基于2013年中国社会状况调查数据 [J]. 中国社会科学，2018，(4)：132-150.

[210] 李慧敏，王卓甫. 基于设计视角的工程项目管理 [J]. 科技进步与对策，2010，27 (19)：52-55.

[211] 李俊莉，曹明明. 国家可持续发展实验区研究状况及其展望 [J]. 人文地理，2011，26 (1)：66-70.

[212] 林伯强，姚昕，刘希颖. 节能和碳排放约束下的中国能源结构战略调整 [J]. 中国社会科学，2010，(1)：58-71.

[213] 刘贵文，杨浩，傅晏，等. 信息物理融合下的建筑施工现场碳排放实时监测系统 [J]. 重庆大学学报，2020，43 (9)：25-31.

[214] 刘美霞，武振，王洁凝，等. 住宅产业化装配式建造方式节能效益与碳排放评价 [J]. 建筑结构，2015，12 (45)：71-75.

[215] 刘全根. 国家能源结构调整的战略选择——加强可再生能源开发利用 [J]. 地球科学进展，2000，(2)：154-164.

[216] 李燕，高慧，尚虎平. 整合性视角下公共政策冲突研究：基于多案例的比较分析 [J]. 中国行政管理，2020，(2)：108-116.

[217] 李云燕，崔涵，朱启臻. 从碳达峰碳中和目标愿景看乡村环境治理的困境与出路 [J]. 行政管理改革，2021，8 (8)：32.

[218] 马鸿佳，宋春华，葛宝山. 动态能力、即兴能力与竞争优势关系研究 [J]. 外国经济与管理. 2015，37 (11)：25-37.

[219] 庞明礼，刘春芳. 模糊政策的执行风险识别与规避：一个行为经济学的分析框架 [J].

管理学刊, 2022, 35 (1): 13-22.

[220] 潘仁飞, 陈柳钦. 能源结构变化与中国碳减排目标实现 [J]. 经济研究参考, 2011, (59): 3-6.

[221] 彭旭, 崔和瑞. 中国能源结构调整对碳强度的影响研究 [J]. 大连理工大学学报 (社会科学版), 2016, 37 (1): 11-16.

[222] 钱再见. 论公共政策冲突的形成机理及其消解机制建构 [J]. 江海学刊, 2010, (4): 94-100, 239.

[223] 齐绍洲, 林屾, 崔静波. 环境权益交易市场能否诱发绿色创新? ——基于中国上市公司绿色专利数据的证据 [J]. 经济研究, 2018 (12): 129-143.

[224] 任宏, 晏永刚. 工程项目管理三大基本目标的新思维 [J]. 科技进步与对策, 2008, 25 (10): 63-66.

[225] 任剑涛. 政策选择与传统思想——中国可持续发展政策的传统观念之源 [J]. 学术界, 2011, (8): 5-23, 284.

[226] 任鹏. 政策冲突中地方政府的选择策略及其效应 [J]. 公共管理学报, 2015, 12 (1): 34-45, 154-155.

[227] 石世英, 胡鸣明. 无废城市背景下项目经理垃圾分类决策行为意向研究——基于计划行为理论框架 [J]. 干旱区资源与环境, 2020, 34 (4): 22-26.

[228] 舒丽芳, 卫海英, 毛立静. 仪式令生活更美好——服务仪式对品牌福祉的作用机制研究 [J]. 南开管理评论, 2021, 24 (6): 94-107.

[229] 孙早, 肖利平, 刘李华. 产业所有制结构变化与产业创新绩效改善——国有企业为主的产业所有制结构就一定不利于产业创新吗? [J]. 南开经济研究, 2017, 1 (6): 3-19.

[230] 童昀, 马勇, 刘军. 入境旅游提升了城市绿色全要素生产率吗? ——基于非线性视角 [J]. 旅游学刊, 2021, 36 (9): 120-133.

[231] 王成龙. 行业国有化程度、信贷结构失衡与产能过剩 [D]. 大连: 东北财经大学, 2016.

[232] 王宁. 代表性还是典型性? 个案的属性与个案研究方法的逻辑基础 [J]. 社会学研究, 2002 (5): 123-125.

[233] 王巧, 佘硕, 曾婧婧. 国家高新区提升城市绿色创新效率的作用机制与效果识别 [J]. 中国人口资源与环境, 2020, 30 (2): 129-137.

[234] 王韶华, 于维洋, 张伟, 等. 我国能耗结构低碳优化的情景分析 [J]. 中国科技论坛, 2014 (8): 121-126.

[235] 王小佳, 张华明. 基于绩效的中国碳市场发展对策研究 [J]. 宏观经济管理, 2017, (12): 47-54.

[236] 王钰. 命令控制型与市场激励型环境政策对经济绿色发展的影响机制研究 [D]. 长春: 吉林大学, 2021.

[237] 王喆, 晁玉方. 制度理论下高校会计核算中的问题与建议 [J]. 财会通讯, 2021, (13): 173-176.

[238] 吴帅. 分权、制约与协调：中国纵向府际权力关系研究 [D]. 杭州：浙江大学，2011.

[239] 夏凉，朱莲美，王晓栋. 环境规制、财政分权与绿色全要素生产率 [J]. 统计与决策，2021，37（13）：131-135.

[240] 向鹏成，谢怡欣，李宗煜. 低碳视角下建筑业绿色全要素生产率及影响因素研究 [J]. 工业技术经济，2019，38（8）：57-63.

[241] 徐丽娜，赵涛，刘广为，等. 中国能源强度变动与能源结构、产业结构的动态效应分析 [J]. 经济问题探索，2013，（7）：40-44.

[242] 阎波，程齐佳徵，杨泽森，等. 地方政府如何回应"推进'一带一路'建设科技创新合作"？—— 一项比较案例研究 [J]. 管理评论，2019，31（2）：278-290.

[243] 杨莉萍，亓立东，张博. 质性研究中的资料饱和及其判定 [J]. 心理科学进展，2022，30（3）：511-521.

[244] 杨勇平，杨志平，徐钢，等. 中国火力发电能耗状况及展望 [J]. 中国电机工程学报，2013，（23）：1-11.

[245] 杨中杰，朱羽凌. 绿色工程项目管理发展环境分析与对策 [J]. 科技进步与对策，2017，34（9）：58-63.

[246] 殷瑞钰，汪应洛，李伯聪. 工程哲学 [M]. 北京：高等教育出版社，2007.

[247] 袁红平，刘志敏. 基于解释结构模型的建筑废弃物现场分类分拣影响因素分析 [J]. 世界科技研究与发展，2016，38（6）：1216-1221.

[248] 袁佳. 组织变革承诺的形成及其对员工心理和行为倾向的影响 [D]. 成都：电子科技大学，2014.

[249] 余伟，陈强. "波特假说" 20 年——环境规制与创新、竞争力研究述评 [J]. 科研管理，2015，（5）：6571.

[250] 余向前. 家族企业代际转移的企业家隐性知识及其对企业传承影响的研究 [D]. 南京：南京大学，2015.

[251] 曾晖，成虎. 重大工程项目全流程管理体系的构建 [J]. 管理世界，2014，（3）：184-185.

[252] 张普伟，贾广社，何长全，等. 中国建筑业碳生产率变化驱动因素 [J]. 资源科学，2019，41（7）：1274-1285.

[253] 赵振智，程振，吕德胜. 国家低碳战略提高了企业全要素生产率吗？——基于低碳城市试点的准自然实验 [J]. 产业经济研究，2021，（6）：101-115.

[254] 查萱琪，胡恩华，单红梅，等. 基于制度逻辑视角的中国工会改革路径分析研究 [J]. 管理学报，2022，19（1）：17-26.

[255] 郑博阳. 组织变革情境下的职业转换力及其效应机制 [D]. 杭州：浙江大学，2018.

[256] 中国 21 世纪议程管理中心. 国家可持续发展实验区创新能力评价报告 2014 [M]. 北京：科学技术文献出版社，2014b.

[257] 国家统计局能源司. 中国能源统计年鉴 2018 [M]. 北京：中国统计出版社，2019.

[258] 国家统计局. 中国统计年鉴 2018 [M]. 北京：中国统计出版社，2018.

[259] 国家统计局生态环境部. 中国环境统计年鉴（2018）[M]. 北京：中国统计出版

社，2019.

［260］国家统计局能源司. 中国能源统计年鉴 2020［M］. 北京：中国统计出版社，2020.

［261］钟喆鸣. 网购平台信息技术能力对消费者在线评价信息采纳意愿作用机理研究［D］. 长春：吉林大学，2019.

［262］周萍. 制度理论视角下创业导向与公司诉讼风险的关系研究［D］. 上海：上海财经大学，2017.

［263］周伟铎，庄贵阳. 雄安新区零碳城市建设路径［J］. 中国人口·资源与环境，2021，31（9）：122-134.

［264］周雪光. 权威体制与有效治理：当代中国国家治理的制度逻辑［J］. 开放时代，2011（10）：67-85.

［265］周雪光. 组织社会学十讲［M］. 北京：社会科学文献出版社，2003.

［266］庄贵阳. 中国低碳城市试点的政策设计逻辑［J］. 中国人口资源与环境，2020，（3）：1928.

［267］住房和城乡建设部科技与产业化中心绿色建筑发展处. 2019 年中国北京世界园艺博览会中国馆等 3 个场馆绿色建筑评价标识通过评审［J］. 暖通空调，（9）：1.